气象爱好者入门

欧善国　编著

气象出版社
China Meteorological Press

U0175379

图书在版编目（ＣＩＰ）数据

气象爱好者入门 / 欧善国编著. -- 北京 ： 气象出
版社，2023.2
ISBN 978-7-5029-7646-0

Ⅰ．①气... Ⅱ．①欧... Ⅲ．①气象－基本知识 Ⅳ.
①P4

中国版本图书馆CIP数据核字(2022)第016789号

气象爱好者入门
Qixiang Aihaozhe Rumen

出版发行：气象出版社		
地　　址：北京市海淀区中关村南大街46号	**邮政编码：**100081	
电　　话：010-68407112（总编室）　010-68408042（发行部）		
网　　址：http：//www.qxcbs.com	**E－ma i l：**qxcbs@cma.gov.cn	
责任编辑：颜娇珑　邵　华	**终　　审：**张　斌	
责任校对：张硕杰	**责任技编：**赵相宁	
封面设计：博雅锦		
印　　刷：三河市君旺印务有限公司		
开　　本：787mm×1092mm　1/16	**印　　张：**9.5	
字　　数：230千字		
版　　次：2023年2月第1版	**印　　次：**2023年2月第1次印刷	
定　　价：58.00元		

前 言

Preface

　　我负责组织开展广州气象科普工作多年，深深感受到公众尤其是学校师生对气象的关注程度越来越高，学习和探究的兴趣越来越浓，以气象为主题的自媒体越来越多，与气象相关的文章在很多微信公众号都可以看到。我想，这有两个重要原因：一是安全需要。随着全球气候变暖，这些年来极端天气气候事件频发，对城市运行和生产、公众生活和活动，以及生命财产产生了极其重要的影响，开展安全教育，增强公众特别是青少年气象防灾减灾意识，提高气象防灾避灾、自救互救的能力，已成为社会的重要教育内容之一。二是教育需要。气象是科技和教育交叉的一个领域，气象知识与地理、物理、生物、信息技术等学科知识紧密相关，特别是小学科学课程、初中和高中地理课程，均含有大量的气象知识内容，历年地理、物理、生物等科目的高考试题中也有涉及气象知识的题目。同时，气象预报广泛应用雷达、卫星、自动气象观测站等先进观测技术，以及高性能计算机的大数据处理技术；气象信息发布又广泛应用微信、微博、网站等新媒体技术。因此，气象科技教育活动能提供多学科融合教育，加深中小学生对互联网技术、物联网技术、大数据处理技术、人工智能技术等的认识，促使中小学生对最新科技发展好奇、了解并运用，提高中小学生的综合科学素养和创新实践能力。2018 年，我们在广州市气象学会网站开展的广州市中小学校园气象科普活动问卷调查显示，无论学生或老师均有超过 97% 的人赞成在学校内利用学生社团形式，开展气象科普探究活动，可见学校是非常认同开展校园气象科普活动的。

　　但是，也有很多气象爱好者反映，分析天气形势的气象文章理解难度较高，想系统自学气象知识、尝试天气预报更是困难重重。我在开展校园气象科普活动中，发现很多老师非常愿意指导学生开展气象探究活动或以气象为主题的创作活动，以及开发气象校本课程，却因为对气象知识了解不深或难以理解而望而却步。

　　气象爱好者为什么觉得学习气象知识比较难呢？我想有三方面原因：一是现在的气象科普读本，多数只着重介绍如何辨认天气现象和气象防灾知识，缺乏"成因分析"，导致大家知其然而不知其所以然。二是气象知识与地理知识、热力学知识、经典力学知识紧密联系，而当前教育体系将气象知识设置在地理学科中，导致没有选修物理学科的学生缺乏热力学知识、经典力学知识的支撑，难以理解大气热运动、绝热过程等天气现象。没有选修地理学科的学生因为缺乏天文知识、地理知识，对大气环流、气象要素地理分布规律等理解不到位，很多具有前因后果的知识内容被"简化"成了"孤岛知识"，导致学生死记硬背，难以真正进入"气象大门"。三是很少有书籍介绍如何看懂天气图、如何辨认天气系统和分析天气形势，在介绍天气系统的时候大多使用了模型图。但由于模型图过于理想化，学生在面对真正的天气图时，很难识别各种天气系统。对于问卷调查中关于"需要气象专家给中小学科学、地理等相关学科老师进行定期培训吗？"这个问题，有94.83%的人表示"需要"，这说明气象知识这部分教学内容由于专业化程度较高，对于老师和学生的教与学均存在一定的困难，需要气象专家给老师们提供专业、持续、系统的培训。

为此，我根据实际需要，尝试撰写这本《气象爱好者入门》书籍，力图解决目前气象科普读物的短板，希望可以帮助大家对气象知识有一个初步系统的掌握。本书分两大部分：基础篇和技能篇。基础篇先介绍大气热运动、动力作用、水的三态变化等知识，再介绍各种天气现象，最后介绍气候相关知识，也就是从因到果，从天气到气候，让读者对天气气候的现象与成因有全面的了解，为气象知识的全面掌握打下基础；技能篇主要介绍如何识别天气系统，看懂天气图及分析天气形势做出预报，培养天气预报实战技能，引领读者进一步深入学习气象知识。

本书有几个特点：一是尽量先用通俗易懂的例子引起读者对一些气象规律的认同，再引入专业知识解释各种气象成因；二是重要的知识点都加了"帮助记忆"，指导读者如何精练记忆；三是在许多知识后面，提供了作者的"综合实践"建议，鼓励读者多动手、多观察，在"做"中学，提高探究实践能力。本书力图消除读者对于理解气象专业知识而产生的恐惧感，引导读者学习掌握基本气象知识。

由于本人水平有限，编写时间短促，不当之处在所难免，敬请读者批评指正，谢谢！

欧善国

2022 年 11 月

目 录
Contents

前言

基础篇

第一章　大气热运动

一、大气分层..................................002
二、大气运动..................................003
三、太阳辐射..................................005
四、地面辐射..................................007
五、地球运动..................................009
六、绝热过程..................................011
七、气压......................................012
八、地转偏向力................................014
互动提升答案..................................015

第二章　天气现象

一、水的三态..................................016
二、水循环....................................017
三、云..018
四、降水现象..................................019
五、凝结现象..................................023
六、视程障碍现象..............................028
七、大气光学现象..............................030
八、风..032
互动提升答案..................................036

第三章　强对流天气

一、雷雨大风..................................037
二、短时强降水................................038
三、冰雹......................................039
四、龙卷......................................040
五、飑线......................................041
互动提升答案..................................042

第四章　气候带

一、气候......................................043
二、气候表征..................................045
三、地球五带..................................046
互动提升答案..................................047

第五章　大气环流

一、单圈环流..................................048
二、三圈环流..................................049
三、季风......................................050
四、东风带和西风带............................052
五、青藏高原对东亚环流的影响...053
互动提升答案..................................055

四、独特气候现象 070
五、二十四节气 074
互动提升答案 075

第六章　世界气候

一、气候型 056
二、世界降水分布 059
三、世界气温分布 061
四、气候资源 063
互动提升答案 064

第七章　中国气候

一、中国气候特点 065
二、广东气候特点 069
三、广州气候特点 070

第八章　气候异常

一、气候变暖 076
二、极端天气气候事件 077
三、厄尔尼诺和拉尼娜现象 077
四、城市热岛效应 079
五、温室效应 080
互动提升答案 081

第九章　气象灾害

一、气象灾害 082
二、气象灾害特点 082
三、中国主要气象灾害 083
四、气象灾害防御 085
五、气象灾害预警信号 090
互动提升答案 091

技能篇

第十章　了解气象观测

一、气象观测 093
二、常规气象观测 093
三、气象卫星 093
四、气象雷达 095
互动提升答案 097

第十一章　气象要素的观测

一、气象要素 098

二、气温的观测 098

三、湿度的观测 100

四、风的观测 102

五、降水的观测 104

六、气压的观测 105

七、云的观测 105

八、能见度的观测 105

互动提升答案 106

第十二章　识别天气系统

一、天气系统 107

二、气旋和反气旋 108

三、锋面 111

四、低压槽和高压脊 114

五、切变线 115

六、辐合带 117

七、热带扰动 117

八、台风 117

九、副热带高压 121

十、南亚高压 123

十一、阻塞高压和切断低压 123

十二、低空急流 125

互动提升答案 125

第十三章　认识天气图

一、天气形势 126

二、等值线图 126

三、高空天气图 127

四、地面天气图 129

五、流线图 133

六、等温线图 133

七、温度对数压力图 136

八、风玫瑰图 137

九、天气业务方法 138

互动提升答案 138

第十四章　看懂天气预报

一、天气预报时间划分 139

二、天气预报时效 139

三、天气预报术语 140

四、天气预报制作流程 140

互动提升答案 142

第十五章　获取气象信息

一、获取气象信息方式 143

二、气象信息渠道推荐 144

基础篇

第一章

大气热运动

相信大家都是从晴天、刮风、下雨、打雷等现象开始认识天气的，这些现象我们叫作天气现象。也就是说，天气现象是指发生在大气中的各种自然现象，即某瞬间大气中各种气象要素（如气温、气压、湿度、风、云等）空间分布的综合表现。我们要了解天气，既要认识和分清各种天气现象，又要认识各种天气现象的成因。作为本书的开篇，首先为气象爱好者介绍天气现象最重要的成因——大气热运动。

一　大气分层

大气就是包围地球的空气。一般来说，大气在水平方向可以看作是均匀的，但是在垂直方向上差异却很大。人们常常按不同的标准，将大气垂直划分成不同的层。最常用的是由地面到高空，按垂直温度分布将大气层分为五层，即对流层、平流层、中间层、热层和外逸层（图1.1）。

与人类关系最密切的是紧贴地面的对流层，是研究大气的主要区域。对流层有3个特征：

（1）气温随高度的增加而递减。高度平均每升高100米，气温降低0.65 ℃。其原因是太阳辐射首先主要加热地面，再由地面把热量传给大气，因而愈接近地面的空气受热愈多，气温愈高，远离地面则气温愈低。

（2）空气有强烈的对流运动。地面性质不同，因而受热不均。暖的地方空气受热膨胀而上升，冷的地方空气冷缩而下降，从而产生空气对流运动。对流运动使高层和低层空气得以交换，促进热量和水分传输，对成

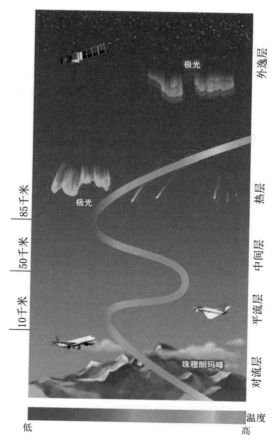

图1.1　大气分层

云致雨有重要作用。

（3）天气的复杂多变。对流层集中了75%的大气质量和90%的水汽，因此伴随强烈的对流运动，产生水相变化，形成云、雨、雪等复杂的天气现象。因此，对流层与地表自然界和人类关系最为密切。

细看图1.1，你会发现对流层与平流层有个重要的区别：对流层的气温随高度的增加而递减，这种大气层结（即大气中温度、湿度等气象要素的垂直分布）是不稳定的，大气容易发生对流上升运动，产生各种天气现象，所以我们常说对流层是不稳定的大气层；而平流层的气温随高度的增加而递增（这种现象称为逆温），这是由于臭氧层强烈吸收太阳紫外线的结果，这种大气层结是稳定的，其能有效地抑制对流的发展，产生稳定性天气现象，天气晴朗，透明度高，适合飞机飞行。

帮助记忆

对流层，气温随高度的增加而递减，容易产生对流，天气不稳定；平流层，气温随高度的增加而递增，天气稳定。

互动提升

❶ 雷电、降水等天气现象主要发生在大气（　　）。

A.电离层　　　　　B.平流层　　　　　C.对流层

❷ 强烈吸收太阳紫外辐射，为人类构筑安全屏障的气体是（　　）。

A.臭氧　　　　　B.二氧化碳　　　　　C.氦气

❸ 宋朝苏东坡曾感叹"高处不胜寒"，从气象角度看，是指（　　）。

A.湿度随着高度增加而减小　　　　　B.温度随着高度增加而降低

C.风随着高度增加而增大

❹ 大型客机大多飞行于（　　），以增加飞行的稳定度。

A.对流层　　　　　B.平流层　　　　　C.高层大气

二　大气运动

像鱼类生活在水中一样，人类生活在地球大气的底部，并且一刻也离不开大气。大气为地球生命的繁衍、人类的发展提供了理想的环境。它的状态和变化，时时刻刻影响着人类的活动与生存。

大气不是静止不动的，大气一直在动。举两个例子：

当水和油混在一起的时候，油总是浮在水面，这是因为油的密度比水小，通俗说油比水轻。气体与液体类似，两种气体混合时，轻的会浮在上面（图1.2）。

大家在电视上看过热气球运动了吧，热气球之所以能升起来，是因为热气球内部的气体受到加热后温度升高发生膨胀，密度比外面的空气小，热气体就会上浮发生上升运动，所以加热会使气体密度减小发生上升运动（图1.3）。

图1.2　水油混合

图1.3　热气球运动

同理，地面受热不均导致大气受热不均，加热明显（即气温高）的A处气体因密度变小会发生上升运动，如图1.4，热空气膨胀变轻在近地面会形成低压，高空因气体堆积而形成高压；而气温相对较低的近地面空气相对较重，形成相对高压，即B和C处。B和C处气压大于A处，造成同一水平面出现气压差，高压C处与高压B处气体往低压A处流动，即高压区的大气往气温高的低压区流动。由于B处和C处空气流失，所以这两处上空的大气就会发生下沉运动"填补"，从而造成大气运动。

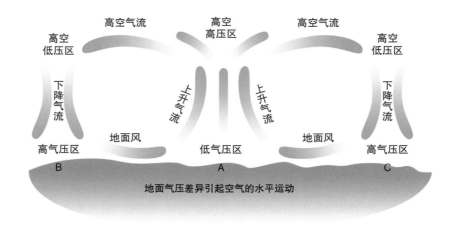

图1.4　大气热力环流成因图

大气运动是不同地区、不同高度之间的大气进行热量、动量、水分的互相交换，不同性质的空气得以相互交流，并以此形成各种天气现象和天气变化的总称。大气运动包括水平运动和垂直运动两种形式。

从这个定义可以看出，大气运动的重要特征是"交换""交流"，大气运动的结果是产生各种天气现象和天气变化。总之，一切天气变化都离不开大气的运动，只有认识了大气运动的规律，才能掌握天气变化的规律。

帮助记忆

低压区气流上升，高压区气流下沉；热低冷高。

互动提升

❺ 风是两地气压差引起的空气流动现象，一般来说，风是由（   ）。

A.高压区吹向低压区   B.低压区吹向高压区

C.小风速区吹向大风速区   D.大风速区吹向小风速区

三　太阳辐射

是什么导致大气运动从而产生各种天气现象和天气变化呢？是太阳的辐射。太阳辐射给予大气能量，引起大气运动。没有能量，大气不会运动；正如人不吃东西，没有营养和能量补充，是走不动的。人在冬天晒太阳会觉得很温暖，夏天晒太阳会火辣辣，说明太阳辐射会给人加热。总之，太阳辐射是地球上大气能量的根本来源，是促进地球上的水、大气运动和生物活动的主要动力，也是人类生产、生活的直接能量来源。

太阳的表面温度达到6000 ℃，一直在不停地散发热量。来自太阳的能量中，大部分以可见光、红外辐射的形式，少部分以紫外辐射的形式到达地球表面。

太阳辐射通过大气，一部分到达地面，称为直接太阳辐射；另一部分被大气的分子、大气中的微尘、水汽等吸收、散射和反射。被散射的太阳辐射一部分返回宇宙空间，另一部分到达地面。地球表面在吸收太阳辐射的同时，又将其中的大部分能量以长波辐射的方式传送给大气。所以，空气直接吸收太阳辐射比较少，大气对太阳辐射是"透明"的，近地面大气的直接热源是地面的长波辐射。

影响太阳辐射强度的主要因素有太阳高度角、白昼长短、天气状况、地势高低等。

（1）太阳高度角：这是最主要的因素。太阳高度角越大，等量的太阳辐射散布面积越小，太阳光热越集中，太阳辐射强度越大（小提示：可以通过手持手电筒，用不同的角度照射地面，比较地面上光影的亮度强弱和面积大小来理解这个规律）。

（2）白昼长短：白昼时间越长，日照时数越长，太阳每天辐射的量越大。

（3）天气状况：水汽越多、云层越厚，大气密度越大，对太阳辐射的削弱作用越强。

（4）地势高低：海拔越高，大气越稀薄，对太阳辐射削弱作用越小。

 拓展阅读

天空的颜色

当你仰望天空时，你所看到的颜色就是太阳光被大气中的气体分子散射后形成的颜色。由于被气体分子散射的可见光中，短波段（蓝和紫）的比长波段（红和橙）的多，因此散射光偏蓝，这也就是白天天空看起来呈蓝色的原因。日出或日落时分，太阳光要穿过一层比太阳高挂时更厚的大气层，更多的蓝色光线在到达你的眼睛之前就已经被散射掉了，剩下的太阳光主要包含红光和橙光，因此，此时的太阳看起来呈红色，周围的云朵也被映衬得更加绚丽多彩。

今天天气预报多云，为什么我还被太阳晒黑了？

紫外线可分为长波紫外线、中波紫外线和短波紫外线3种。短波紫外线在穿过大气层时被臭氧层吸收，不能到达地球表面；而即便在阴天或雨天，阳光被云层挡住时，90%的长波紫外线也能穿透云层，到达人体真皮层深处，引起皮肤黑色素沉着，因此长波紫外线被称作"晒黑段"。紫外线的辐射量与太阳高度角有密切关系，每天正午的紫外线强度最强。

观测实践

分解太阳光观察可见光谱

如图1.5，让一束太阳光通过挡光板的狭缝照射到三棱镜的一个侧面上，用光屏接收从三棱镜另一侧的出射光线。实验时，一边慢慢转动三棱镜，一边注意观察光屏，在光屏上可以观察到彩色光带。

也可以用手电筒发出的光代替太阳光进行实验。将手电筒竖放在桌子上，让光透过三棱镜后照射到天花板上，观察天花板上是否出现了彩色的光带。用一张有狭缝的黑纸蒙在手电筒前端，得到一条较窄的光束，会使实验现象更明显。

图1.5 三棱镜分解太阳光

太阳光通过三棱镜后会被分解成红、橙、黄、绿、蓝、靛、紫七种色光，它们按照一定的顺序排列成为可见光谱。

互动提升

6 大气中臭氧主要吸收太阳辐射中的（　　）。

    A.紫外线　　　　　　B.可见光　　　　　　C.红外线

7 天空呈现蔚蓝色，是由于大气的（　　）作用形成的。

    A.散射　　　　　B.折射　　　　　C.反射　　　　　D.衍射　　　　　E.漫射

四　地面辐射

地球表面在吸收太阳辐射的同时，又将其中的大部分能量以长波辐射的方式传送给大气。地球表面这种以其本身的热量日夜不停地向外放射辐射的方式，称为地面辐射。

地面的辐射能力，主要决定于地面本身的温度。由于辐射能力随辐射体温度的增高而增强，所以，白天地面辐射较强；夜间地面辐射较弱。

地面增温的同时向外辐射热量，除少数透过大气返回宇宙空间外，大部分被近地面大气中的水汽和二氧化碳吸收，使大气增温。大气在增温的同时，也向外辐射热量，既向上辐射，也向下辐射，其中大部分朝向地面（称为大气逆辐射），在一定程度上补偿了地面辐射损失的热量，对地面起到保温作用，如图1.6所示。

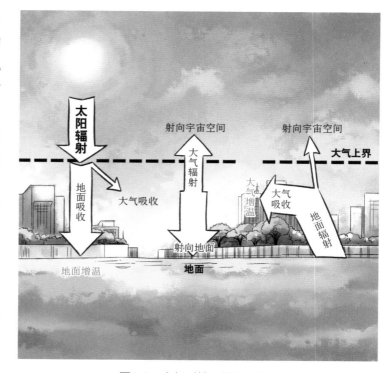

图1.6　大气对地面的保温作用

在晴朗微风的晚上，天上的云就像人们盖的被子起到保温作用，由于天空无云或少云，大气层的保温作用不明显，地面辐射的热量较多地射向宇宙空间。因此，近地面空气除受自身辐射冷却外，还受到地面的辐射冷却，气温不断降低，所以在寒冷的夜晚，天空越是晴朗气温越低。而在白天，缺少云层的遮挡，太阳辐射能将热量最大程度地送至地面，所以天空越是晴朗气温越高。因此，天空越是晴朗，昼夜温差越大。"早穿棉袄午穿纱，围着火炉吃西瓜"就是新疆昼夜温差大的生动真实写照。

总之，在大气中发生的一切物理过程和物理现象，都是依靠太阳辐射、地面辐射和大气辐射所供给的能量发生和发展的。因此，理解好太阳辐射、地面辐射和大气辐射是学习气象知识的重要环节。

 帮助记忆

白天，天空越是晴朗气温越高；夜间，天空越是晴朗气温越低。

测量不同高度的气温

探索：你认为近地面气温和高空气温之间的差异有多大？为什么？

实验步骤：

（1）选择一个阳光充足的地方，把2支温度表分别安置在距地表1厘米和1.5米两个高度处。

（2）每日08时、12时、18时各记录一次2个高度的气温，连续测量2天以上。

（3）以时间为横轴、气温为纵轴，在同一个坐标系中绘制2个不同高度的气温折线图，并在2条折线上分别注上高度。

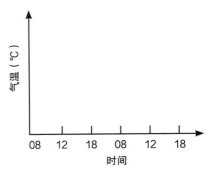

 互动提升

❽ 下列现象按发生的先后顺序排列正确的是（　　）。

①太阳辐射　　　②地面吸收　　　③大气逆辐射　　　④大气削弱　　　⑤地面辐射

A.①②③④⑤　　　B.①⑤④③②　　　C.①④②⑤③　　　D.①④②③⑤

❾ 地面温度越高，地面向外辐射的能量（　　）。

A.越多　　　　　　B.不变　　　　　　C.越少

⑩ 读下图，完成（1）至（3）题。

（1）图中序号含义是：

①（　　）②（　　）③（　　）④（　　）。

A.太阳辐射　　　　B.大气辐射

C.大气逆辐射　　　D.地面辐射

（2）近地面大气主要的直接热源是（　　）。

A.①　　　　　　　B.②

C.③　　　　　　　D.④

（3）人类通过低碳经济和低碳生活，可以使（　　）。

A.①增强　　　　B.②增强　　　　C.③减弱　　　　D.④减弱

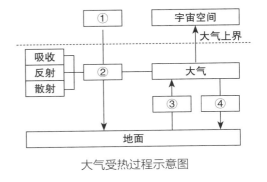

大气受热过程示意图

五　地球运动

地球一直在运动，既围绕太阳进行公转，又进行自转。

地球绕地轴自西向东旋转，叫作自转。由于地球是个不透明、不发可见光的球体，所以太阳在同一时间只能照亮地球的一面。地球不停地自西向东自转，导致地球表面出现昼夜交替的现象。

地球公转就是地球按一定轨道围绕太阳转动。地球在公转时，姿态总是倾斜的，地球自转平面（赤道平面）与地球公转轨道面（黄道平面）之间存在一个夹角（23°26′），称为黄赤交角。由于黄赤交角的存在，导致

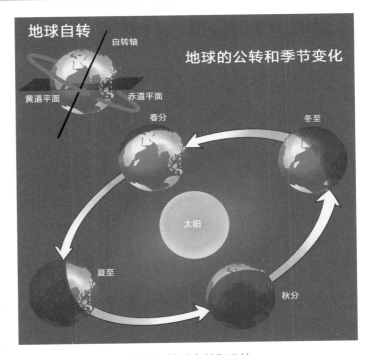

图1.7　地球自转和公转

太阳直射点*在南北回归线之间做周期为一年的往返运动。春分（3月21日前后）太阳直射点在赤道（0°），此后北移；夏至（6月22日前后）太阳直射点在北回归线（23°26′N）上，此后南移；秋分（9月23日前后）太阳直射点在赤道（0°），此后南移；冬至（12月22日前后）太阳直射点在南回归线（23°26′S）上，此后北移。南北半球接受太阳热量不均，从而产生四季的变化（图1.7）。

---

*　太阳直射点是地球表面太阳光入射角度(即太阳高度角)为90°的地点，太阳直射点所在经线的地方时为正午12时。

"二分二至"时太阳直射点、昼夜长短状况

节气		春分	夏至	秋分	冬至
日期		3月21日前后	6月22日前后	9月23日前后	12月22日前后
太阳直射纬线		赤道	北回归线	赤道	南回归线
季节	北半球	春季	夏季	秋季	冬季
	南半球	秋季	冬季	春季	夏季
受热程度	北半球	相等	多	相等	少
	南半球		少		多
昼夜长短	北极	昼夜平分（全球）	半年极昼	昼夜平分（全球）	半年极夜
	北极圈以北		极昼		极夜
	北极圈以南—赤道		昼长夜短		昼短夜长
	赤道		昼夜平分		昼夜平分
	赤道—南极圈以北		昼短夜长		昼长夜短
	南极圈以南		极夜		极昼
	南极		半年极夜		半年极昼

由于地球的公转，导致太阳直射点在地球上的位置不断变化，对于地球某地区来说，一年中接收太阳辐射能量在不断地变化，所以，地球的公转产生了四季；地区之间在同一时间接收太阳辐射能量也存在差别，所以才有冬季北方冷、南方暖这种现象。

由于地球的自转，产生了昼夜交替，白天接收太阳辐射，大气升温，晚上没有太阳辐射，地面冷却，导致大气降温。所以地球的自转，导致了一天温度有变化。一般来说，一天最高气温在14时后，最低气温在凌晨日出前，大家可以通过简单的实践活动了解一天的气温变化规律。

📡 **观测实践** 记录一天气温数据，绘制气温日变化曲线，了解气温一天的变化规律。

气温日变化曲线绘制步骤：第一步，制作坐标底图，或者直接用准备好的带有时间标尺和气温标尺的直角坐标网格图等。第二步，描点。利用自己收集的气温资料信息，在对应的时间刻度上找到对应的温度值，然后准确描点。第三步，连线。就是用尽量圆滑的笔触把点进行首尾相连（图1.8）。

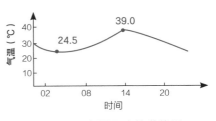

图1.8 气温日变化曲线图

此外，我们还可以绘制出气温月变化曲线、气温年变化曲线，以了解气温月变化和年变化规律。了解年变化规律后，我们就可以知道全年中大约什么时候最冷、什么时候最热，这就是气候特点方面的探究实践活动。

假如家里没有温度表（计）也没有问题，可以登录当地气象局网站浏览观测记录，也可以用手机关注当地气象部门微信公众号，如关注"广州天气"微信公众号，可以获得离你最近的自动气象观测站的气温、湿度、风向风速等实况数据。

互动提升

⑪ 夏至日，以下哪个城市白昼最长？（ ）
　A.乌鲁木齐　　　　B.三亚　　　　　C.广州　　　　　　D.长沙

⑫ 地球公转时，如果地轴不是倾斜而是竖直的，地球表面会有四季变化吗？（ ）
　A.会　　　　　　B.不会

⑬ 每年的夏至日，太阳直射（ ）。
　A.北回归线　　　B.赤道　　　　　C.南回归线

⑭ 以下不属于因地球公转而产生的现象是什么？（ ）
　A.太阳直射点的回归运动　　　　B.正午太阳高度的季节变化
　C.昼夜交替现象　　D.四季更替　　E.五带的形成

⑮ 冬半年，在北半球随纬度的升高，正午的太阳高度角（ ）。
　A.增大　　　　　B.不变　　　　　C.减小

⑯ 多选题：地球公转的方向在（ ）。
　A.南半球上空看是顺时针　　　　B.南半球上空看是逆时针
　C.北半球上空看是顺时针　　　　D.北半球上空看是逆时针

六　绝热过程

大气层中的许多重要现象都与绝热变化有关。绝热过程是指系统与外界没有热量交换情况下所进行的状态变化过程。当过程进行得很快，系统与外界来不及交换热量时，可近似认为是绝热过程。那么绝热过程会出现什么现象？先举两个例子。

我们用打气筒给自行车轮胎打气时，如果我们打得快（即压缩气体快），气筒壁会发热，说明打气筒里面的气体温度比较高。所以，迅速压缩气体会导致气体升温。

去过高海拔地区旅游的人都有这个经验，海拔越高的地方呼吸越不顺畅，这是因为海拔越高，空气越稀薄，大气密度越小，大气压越低。所以，大气压是随高度的增加而减小的。

有了上面两个例子后，我们来讨论绝热下沉会发生什么现象。当空气迅速下沉时，可以近似看成是绝热过程，由于高度减小所受的外围大气压增加，导致下沉空气增温，所以副热带高压控制的地区气流下沉容易出现高温现象；反推，当空气迅速上升时，所受的外围大气压减小，就会出现降温现象。

我们是通过生活例子来认识绝热过程现象，其实这是热力学的重要知识，有兴趣的读者可以找相关的书籍来深入学习。

帮助记忆

低压区气流上升降温，高压区气流下沉增温。

七 气压

气压即大气的压强，通常用单位横截面积上所承受的铅直气柱的重量表示。气压的国际制单位是"帕斯卡"，简称"帕"，符号是"Pa"。因为"帕"单位太小，所以气象业务中一般用"百帕（hPa）"作为单位。在任何一个地点，随着海拔的升高，单位横截面积上所承受的铅直气柱的重量逐渐减小，气压也就随之降低了。在海拔2千米以内，可以近似地认为海拔每升高12米，大气压变化133帕。

如何证明大气压的存在，最著名的实验是马德堡半球实验：抽空了空气的两个半球紧紧吸引在一起，几匹马都拉不开，可见大气压的压力有多大。我们也可以用简单的实验证明：将玻璃杯装满水，用硬纸片盖住玻璃杯口，确保杯子里没有空气；用手按住硬纸片，将杯子倒置过来，会发现，硬纸片被"吸"在了杯口（图1.9）。玻璃杯内装满水，排出了空气，杯内的水对硬纸片的压强小于大气压强，在大气压强的作用下，托住了硬纸片。而当把杯口向各个方向转圈时硬纸片未掉下来，说明处处都存在大气压强，且大气向各个方向都有压强。

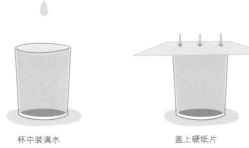

杯中装满水　　　　　　盖上硬纸片　　　　　　把杯子倒置

图1.9　覆杯实验

测量气压有什么用？前面已经介绍了，大气受热不均，会产生大气上升和下沉运动，同时产生高压和低压，出现低压区气流上升天气差，高压区气流下沉天气好，说明气压与天气有着密切的关系。为什么会这样？上升的空气因所受的压强减小而膨胀，温度降低，空气中的水汽凝结容易导致下雨，因此，低气压中心地区常常是阴雨天；而高处空气下降时，它所受到的压强增大，它的体积减小，温度升高，空气中的凝结物蒸发消散，所以，高气压中心地区不利于云雨的形成，常常是晴天。正是由于气压与天气有密切的关系，所以各气象观测站每天都按统一规定的时刻观测当地的大气压。生活中我们也有这样的体验，我们经常感觉下雨前，天气很闷，这是因为空气中水汽增多，气压降低，使人有闷热的感觉。下雨时，空气中水汽因凝结成水滴下落而减少，气压升高，同时，水汽凝结成水滴要吸收一部分热量，所以下雨后常感觉凉爽不闷热。

这里所说的高气压和低气压是相对的，不是指大气压的绝对值。某地区的气压比周围地区的气压高，就叫作高气压地区；某地区的气压比周围地区的气压低，就叫作低气压地区。在同一水平面上，由于高、低压的存在，出现气压差，空气就从高气压地区向低气压地区流动。生活中有类似的例子，当我们把气球的口松开，由于气球里面的气压比外面要大，气球里面的气体就会从里面冲出来。

那么，怎样测量气压？气象观测中常用的测量气压的仪器有水银气压表、空盒气压表、气压计。所获得的观测记录值被传送给气象中心，标注在气象部门业务用的地面天气图上，并绘制出等压线，业务人员根据等压线所代表的天气形势，再综合考虑其他气象要素情况，做出天气预报。

图1.10是一张春季天气图，在乌鲁木齐以北有一个高压中心（用G表示），它的周围闭合线为高压区，这个高压区的形状呈向南向东拉伸，覆盖我国大陆的大部分，所以我们认为我国大陆大部分地区受该高压区控制，天气较好。从时间上推断，这是一个冷高压，也就是说有一股冷空气正在南下，造成我国大陆的大部分地区为干冷好天气。

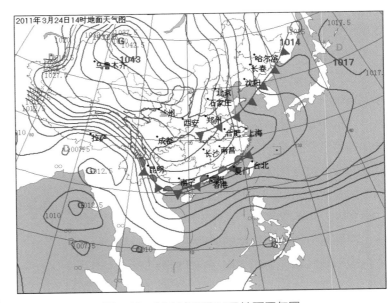

图1.10　2011年3月24日地面天气图

总结一下，气压高低主要受海拔、温度和气流运动状况的影响：

（1）海拔越高，气压越低；海拔越低，气压越高。

（2）近地面温度越高，气压越低；温度越低，气压越高。

（3）气流上升导致气压较低，气流下沉导致气压较高。

观测实践

选择冷空气来临前后或者下雨前后，观测并比较气压变化，了解气压与天气的关系。可通过互联网获取气压数据，或者购买一个便携式气压计来开展观测实践活动。

互动提升

⑰ 多选题：下列事例中，属于利用大气压的是（　　）。

　　A. 用吸管喝饮料　　　　　　　B. 将茶壶中的茶水倒入杯中

　　C. 使用高压锅　　　　　　　　D. 钢笔吸墨水

八　地转偏向力

如果地球不自转，全球性风将沿直线从两极吹向赤道。但由于地球始终在自西向东自转，这就使得相对于自西向东的地表，风的运行方向发生了偏转。导致风出现偏转的原因是地转偏向力，它是由于地球自转而使地球表面运动物体受到与其运动方向相垂直的力。地转偏向力不会改变地球表面运动物体的速率（速度的大小），但可以改变运动物体的方向。

在北半球，地转偏向力使风向右偏离其原始的路线；在南半球，这种力使风向左偏离。风速越大，产生的偏离越大。可用"左右手定则"大概判断南北半球的地转偏向力方向。如图1.11，北半球用右手，伸出手掌，掌心向上，四指的方向表示物体的运动方向，拇指的方向表示地转偏向力的方向——地转偏向力向右；南半球用左手，伸出手掌，掌心向上，四指的方向表示物体的运动方向，拇指的方向表示地转偏向力的方向——地转偏向力向左。地转偏向力与物体的运动方向垂直。

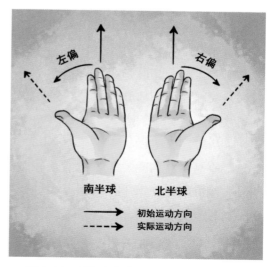

图1.11　判断南北半球的地转偏向力方向

地转偏向力大小与纬度、物体运动速度成正比，其在极地最显著，向赤道方向逐渐减弱直到消失在赤道处，而且在日常生活中地转偏向力很小，是可以忽略不计的。

为什么要了解地转偏向力？因为它的存在使大气运动变得纷繁复杂，产生了千变万化的天气现象。它与影响全球气候的三圈环流的形成，以及亚洲季风的季节性方向变化有关，也与气旋、反气旋等重要天气系统的旋转方向有关。理解地转偏向力的存在是学习气象动力学知识的基础。

 帮助记忆

南半球偏左，北半球偏右，赤道没有偏转力。

 互动提升

⑱ 水平地转偏向力的方向与空气块运动的方向（　　），北半球指向运动方向的右方，南半球指向运动方向的左方。

A.垂直　　　　　　B.水平　　　　　　C.相反　　　　　　D.一致

⑲ 在北半球如果气流从低纬度地区流向高纬度地区，受地球自转偏向力的作用，该气流会逐渐向（　　）偏转。

A.东　　　　　　B.西　　　　　　C.上

互动提升答案

❶ C	❷ A	❸ B	❹ B	❺ A	❻ A	❼ A	❽ C
❾ A	❿（1）A、B、D、C（2）C（3）D	⑪ A	⑫ B	⑬ A
⑭ C	⑮ C	⑯ AD	⑰ AD	⑱ A	⑲ A

第17题解析：使用吸管，当吸气时，吸管内的气压便小于外界大气压，饮料在外界大气压的作用下，被压入吸管进入口腔，故A选项利用了大气压。茶壶往杯中倒水是水受到重力作用的结果，与大气压无关。高压锅加热后，能在锅内形成高气压，水的沸点会随气压的增大而升高，所以锅内能维持较高的温度从而快速将米饭煮熟。钢笔吸墨水，需要先把墨管内的空气挤出，然后利用外界大气压将墨水压进墨管里，故D选项也利用了大气压。

第二章

天气现象

第一章介绍了大气运动规律，第二章则主要介绍天气现象。天气现象包括降水现象、凝结现象、视程障碍现象、大气光学现象及风等。

大自然中水的循环与天气现象的形成密不可分。但请大家注意，大气热运动和水的三态变化不是两个互相排斥的天气现象成因，而是经常共同作用产生天气现象，只不过有时大气热运动是主因，有时水的三态变化是主因。所以，这里先从大气中的水讲起。

一 水的三态

大气中含有各种气体和微粒，包括干洁空气、水汽、尘埃。其中，水汽（呈气态的水）在大气中含量很少，水汽的密度约等于同温、同压下干空气的0.622倍，即水汽密度永远小于干空气的密度。水汽绝大部分集中在低层，高度愈高，水汽愈少。水汽是大气中唯一能发生相变（即固态、液态、气态的相互转化）的成分，故在天气变化中极为重要。水汽能强烈地吸收地面辐射，也能放射长波辐射，在水相变化中不断放出或吸收热量，故对地面和空气的温度影响很大，影响到大气的运动和变化，云、雾、雨、雪、霜、露等都是水汽的各种形态。

水的三态是指水的固态、液态、气态。

水的固态：固态的水我们并不陌生，冰、雪都是水的固态表现形式。

水的液态：这是水最普遍的形态。我们喝的矿泉水、洗澡用的自来水都是液态水。

水的气态：我们周围就有气态的水，只是看不见也摸不着，例如水蒸气。这里要与看到的"水蒸气"区别开来，烧开水后冒出来的白色气体其实不是气态的水，它是水雾，是水蒸气遇冷凝结的小水滴，真正的水蒸气是看不见摸不着的。

水的三态是可以相互转化的，例如，晒衣服时候，通过蒸发的作用，水从液态变成气态。从冰箱里面拿出来的玻璃瓶放一会儿上面有水珠，是因为空气中的水汽遇冷凝结从气态变成液态；将水放在冰箱里面就结成冰，这就是通过凝固从液态变成固态的过程。在三态相互转化的过程中，会发生放热或吸热现象（图2.1）。

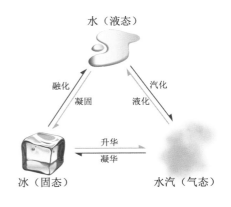

图2.1 水的三态变化

从图2.1可以看到，吸热与放热是有规律的，"固体→液体→气体"是吸热，反之是放热。另外，请大家查阅了解融化和凝固、汽化和液化、升华和凝华这三组表达水的相变类型的专业名词的含义。

⚒ **互动提升**

❶ 地球大气中水汽含量一般来说是低纬多于高纬，下层多于上层，夏季多于冬季。（　　）
　　A.正确　　　　　　　B.错误

❷ 关于大气中水汽，下面哪个说法正确？（　　）
　　A.看不到　　　　　　B.水汽的存在使得天空为蓝色　　　　　　C.水汽使云变为白色

二　水循环

　　大气中的水汽来自哪里？这就是水循环的问题。

　　地球上的水不仅存在于水圈中，也存在于大气圈、生物圈和岩石圈中。在自然界中，水通过蒸发和植物蒸腾、输送、凝结降水、下渗和径流（地表径流、地下径流）等环节，在各种水体之间进行着连续不断的运动，这种运动过程称为水循环。

　　水循环是一个复杂的过程，时时刻刻都在全球范围内进行着，具体包括海陆间循环、海上内循环和陆地内循环。在水循环中，蒸发是初始的环节。海陆表面，包括海洋、陆地、植物、矿石甚至人的皮

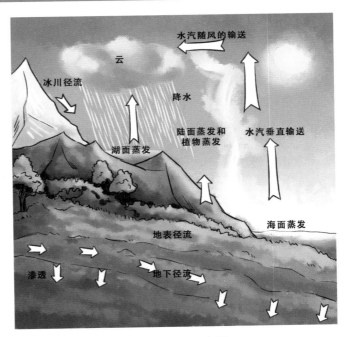

图2.2　水循环示意图

肤中的水分，都会因太阳辐射而蒸发进入大气，如图2.2所示。其中海洋水体的蒸发占主体。

　　由此可知，水在常温和常压条件下的三态变化是水循环的内因；太阳辐射和水的重力构成水循环的能量和动力条件，为水循环的外因。水循环的结果不仅建立起各圈层中水分的密切联系，而且使水分在各圈层间进行着巨大的能量交换。这样就使各种自然地理过程得以延续，也使人类赖以生存的水资源不断得到更新并能持续利用。因此，无论是对自然界还是对人类社会来说，水循环都具有非同寻常的意义。

❸ 地球上的水绝大部分分布在（　　）。

　　A.河流　　　　　　B.湖泊　　　　　　C.海洋　　　　　　D.冰川

三　云

　　云，其实就是大气中的水蒸气遇冷液化成的小水滴或凝华成的小冰晶混合组成的飘浮在空中的可见聚合物。太阳照在地球的表面，水受热蒸发形成水汽，空中水汽饱和之后，水分子就会聚集在空气中的微粒周围，形成水滴或冰晶，这些水滴和冰晶聚集在一起，就形成了云。这些水滴或冰晶将阳光散射到各个方向，这就产生了云的外观。

　　按照云底的高度我们把它可以分为高云、中云、低云。通常情况，高云是指云底高度在4500米以上的云，2500～4500米的云为中云，2500米以下的云称为低云。云的厚薄不一，厚的可达七八千米，薄的只有几十米。

　　由于云与各种天气现象有关，所以通过卫星云图观测云成为现代气象的重要探测手段。台风云图是夏季大家比较常见的云图。台风生成于海面上，一方面海面上的观测站很少，另一方面台风威力大，不能靠近观测，所以依赖气象卫星这个"千里眼"居高临下观测台风是最好的方法（图2.3）。

图2.3　台风卫星云图

❹ 天上的云和地上的雾它们的组成成分（　　）。

　　A.相同　　　　　　B.不相同　　　　　　C.有时相同有时不同

四 降水现象

降水是指从大气中降落的水汽凝结物，包括雨、雪、冰雹、霰等很多形式。

（一）雨

雨是从云中降落的水滴。雨水是人类生活中最重要的淡水资源，植物也要靠雨露的滋润而茁壮成长，但暴雨造成的洪涝也会给人类带来巨大的灾难。

那么，雨是怎样形成的呢？陆地和海洋表面的水蒸发变成水蒸气，水蒸气在上升过程中，因周围气压逐渐降低，体积膨胀，温度降低而逐渐液化为细小的水滴或凝华成冰晶漂浮在空中形成云。小水滴在云里互相碰撞，合并成大水滴，当它大到空气浮力托不住的时候，就从云中落了下来，形成了雨（图2.4）。所以，形成降水的条件有3个：一是要有充足的水汽；二是要有上升气流使气块能够抬升并冷却凝结；三是要有较多的凝结核，使水蒸气变成小水滴再变成大水滴。

图2.4 降雨的形成

从雨的成因证明本章开始所说的，大气热运动和水的三态变化不是两个互相排斥的天气现象成因，而是经常共同作用产生天气现象。根据雨的形成原因细分，雨又可分为锋面雨、对流雨、地形雨和台风雨。

1.锋面雨

当性质不同的两个气团在移动过程中相遇时，它们之间就会出现一个交界面，这个面就叫作锋面。锋面与地面相交而成的线，叫作锋线，也称为锋。所谓锋，可通俗理解为两种不同性质的气团的交锋。

在同一水平面上，冷空气密度大（较重），暖空气密度小（较轻），当两者相遇混合的时候，暖空气会上浮到冷空气上面，这个与油为什么漂浮在水面上是一个道理。北方南下的干冷空气与南方北上的暖湿空气相遇，暖湿气流被迫上升，在抬升的过程中，空气中的水汽遇冷凝结，形成一条很长很宽的降雨带，这就是锋面雨。锋面雨的主要分布地区是温带地区，我国北方大部分地区夏季的暴雨都是锋面雨。

2.对流雨

夏季在强烈的阳光照射下，局部地区暖湿空气急剧上升，遇冷凝结，形成降雨，这就是对流雨（图2.5）。下对流雨之前常常会刮大风，并伴有雷电。对

图2.5 对流雨示意图

流雨的主要分布地区是赤道附近（终年）；夏季中纬度大陆午后常常出现对流雨，因为那时地面温度最高，上升运动也最强。

锋面雨与对流雨的区别：锋面雨是指冷气团和暖气团相遇，暖气团被抬升，形成降雨，如南方的梅雨。对流雨是指一个地方受热，空气受热上升，形成降雨。锋面雨范围较大，对流雨以局部性为主。两者都是大气热运动与水的三态变化共同作用的结果，但是大气上升运动的成因不同。

3.地形雨

当潮湿的气团前进时，遇到高山阻挡，气流被迫缓慢上升，引起绝热降温，发生凝结，这样形成的降雨称为地形雨（图2.6）。地形雨因为发生在地形的阻挡作用当中而得名。降水的山坡正好是迎风的一面叫作迎风坡；而背风的一面叫作背风坡，因为气流下沉，温度升高，不再形成降水。"我在山的这一边淋着雨，你在山的那一边晒太阳！"就是对地形雨的生动描述。

印度东北的乞拉朋齐之所以称为世界雨极，原因是来自印度洋的西南季风受北面高山抬升，形成地形雨，产生大量降水。我国降水最多的地区是台湾东北

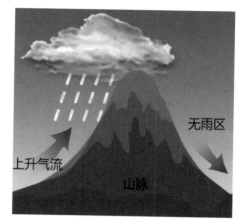

图2.6 地形雨示意图

的火烧寮，因为此处来自太平洋的东南季风受台湾山脉的抬升，形成大量降水。粤西阳江—恩平一带，珠三角北部清远—佛冈，以及粤东沿海的海丰县是广东公认的三大暴雨中心，暴雨中心的形成与地形作用密切相关。地形雨的大气上升运动是地形动力抬升引起的，而对流雨的大气上升运动是热力抬升引起的。所以，降水不一定是热力作用引起的，有时是动力作用诱发的。

地形雨对所在地区的贡献在于迎风坡产生丰富的降水，从而为植被的生长提供丰富的水源，往往导致迎风坡植被茂盛。由于有了丰富的水源保证，动物资源也较多。比如，中国的长白山区，迎风坡的植被和动物情况与背风坡的情形完全是两个世界。

4.台风雨

台风雨，顾名思义是由台风引起的降雨。这是由于热带洋面上的湿热空气大规模强烈地旋转上升导致气温迅速降低，水汽大量凝结而成。其实，台风雨属于对流雨的一种。

台风雨一般雨势很大并伴随着大风，常常出现"狂风骤雨"。台风雨持续的时间不一，有时很短，只有几小时甚至几分钟，有的很长，可以达到几天，降雨多少取决于降雨的地方是处于台风近中心还是台风边缘。台风雨的主要分布地区为低纬度大陆的东岸，如我国东南沿海就经常受台风雨的影响。

❺ 有关暴雨成因的叙述，不正确的是（　　）。

A.充沛的水汽 　　　　　　　　　　　B.反气旋等天气系统移动缓慢

C.强烈的空气上升运动 　　　　　　　D.形成降水的天气系统重复或持续出现

❻ 夏天，小明发现自家小区的水泥墙、水管"冒汗"，预示天气的变化是（　　）。

A.天气将变得晴朗起来 　　　　　B.天要下雨了 　　　　　C.出现大雾天气

❼ 我国每年5月、6月，在长江中下游地区将会出现阴雨连绵的天气，其降水的主要类型
是（　　）。

A.锋面雨 　　　　B.地形雨 　　　　C.对流雨 　　　　D.台风雨

❽ 高大山体的迎风坡，云雾往往比背风坡多。（　　）

A.正确 　　　　B.错误

❾ 下列地区中多发地形雨的是（　　）。

A.沿海地区 　　　B.长江三角洲 　　　C.喜马拉雅山脉北坡 　　　D.喜马拉雅山脉南坡

❿ "黄梅时节家家雨"中的"雨"属于（　　）。

A.对流雨 　　　　B.锋面雨 　　　　C.地形雨 　　　　D.台风雨

⓫ 下图表示的降水类型是（　　）。

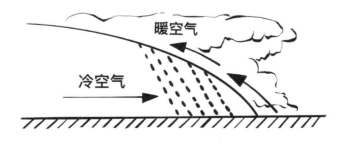

A.锋面雨 　　　　B.地形雨 　　　　C.对流雨 　　　　D.台风雨

（二）雪

雪是水在空中凝结再落下的自然现象，也就是从混合云中降落到地面的雪花形态的固体水。雪花的形状极多，有星状、柱状、片状等，但基本形状是六角形（图2.7）。

在混合云中，由于冰水共存使冰晶不断凝华增大，成为雪花。当云下气温低于0 ℃时，雪花可以一直落到地面而形成降雪。如果云下气温高于0 ℃时，则可能出现雨夹雪。具体形成条件有以下两个。

图2.7　雪花示例

1.水汽饱和

空气在某一温度条件下所能包含的最大水汽量，叫作饱和水汽量。空气达到饱和时的温度，叫作露点。饱和的空气冷却到露点以下的温度时，空气里就有多余的水汽变成水滴或冰晶。因为冰面饱和水汽含量比水面要低，所以冰晶增长所要求的水汽饱和程度比水滴要低。也就是说，水滴必须在相对湿度不小于100%时才能增长；而冰晶呢，往往相对湿度不足100%时也能增长。例如，空气温度为-20 ℃时，相对湿度只有80%，冰晶就能增长了。气温越低，冰晶增长所需要的湿度越小。因此，在高空低温环境里，冰晶比水滴更容易产生。

2.空气里有凝结核

有人做过试验，如果没有凝结核，空气里的水汽，过饱和到相对湿度500%以上的程度，才有可能凝聚成水滴。但这样大的过饱和现象在自然大气里是不会存在的。所以，如果没有凝结核，地球上就很难能见到雨雪。凝结核是一些悬浮在空中的很微小的固体微粒。最理想的凝结核是那些吸收水分最强的物质微粒，比如海盐、硫酸、氮和其他一些化学物质的微粒。

表2.1　降雪等级

等级	24小时降雪量（毫米）
小雪	0.1～2.4
中雪	2.5～4.9
大雪	5.0～9.9
暴雪	10.0～19.9

雪的级别划分：由于降落到地面上的雪花的大小、形状，以及积雪的疏密程度不同，所以雪量是以雪融化后的水量来度量的。降雪可分为小雪、中雪、大雪和暴雪等（表2.1）。

雪对农作物有什么作用呢？相信大家听过"瑞雪兆丰年"这一句流传比较广的农谚吧，它的意思是说冬天下几场大雪，是来年庄稼获得丰收的预兆。为什么呢？其一是保暖土壤，积水利田。冬季天气冷，下的雪往往不易融化，盖在土壤上的雪是比较松软的，里面藏了许多不流动的空气，空气导热慢，这样就像给庄稼盖了一条棉被，天气再冷，雪面下的温度也不会降得很低。等到严寒过去以后，天气渐渐回暖，雪慢慢融化。这样，不但保住了庄稼，使庄稼免受冻害，而且雪融化的水留在土壤里，给庄稼积蓄了很多水，对春耕播种以及庄稼的生长发育都很有利。其二是为土壤增添肥料。雪中含有很多氮化物。据观测，如果1升雨水中能含1.5毫克的氮化物，那么1升雪中所含的氮化物能达7.5毫克。在融雪时，这些氮化物被融雪水带到土壤中，成为最好的肥料。其三是冻死害虫。雪盖在土壤上起了保温作用，这对钻到地下过冬的害虫暂时有利。但化雪的时候，要从土壤中吸收许多热量，这时土壤会突然变得非常寒冷，温度降低许多，害虫就会冻死。

 互动提升

⑫ "忽如一夜春风来，千树万树梨花开"写的是（　　）。
　A.春色　　　　　　B.梨花　　　　　　C.雪景

⑬ 雪花大都是（　　）角形的。
　A.四　　　　　　　B.六　　　　　　　C.八

五　凝结现象

上面介绍了天空降下的雨和雪，下面介绍形成于近地面的雾、雾凇等与水汽有关的天气现象。

（一）雾

在水汽充足、微风及大气稳定的情况下，当相对湿度达到100%时，空气中的水汽便会凝结成细小的水滴悬浮于空中，使地面水平能见度下降，这种天气现象称为雾。

白天温度比较高，空气中可容纳较多的水汽。但是到了夜间，温度下降了，空气中能容纳的水汽减少了。因此，一部分水汽就会凝结出来，变成很多小水滴，悬浮在近地面的空气层里，就形成了雾。特别是在秋冬季节，由于夜长，而且出现无云风小的机会较多，地面散热较夏天更迅速，以致使地面温度急剧下降（专业上叫地面辐射降温），这样就使得近地面空气中的水汽容易在后半夜到早晨达到饱和而凝结成小水珠，形成雾。秋、冬、春的清晨气温最低，

便是雾最浓的时刻。所以，雾的形成条件：一是冷却，二是加湿，三是有凝结核。

下面通过一个例子深入理解雾的成因。重庆位于长江以及嘉陵江的汇合处，水汽来源相当充沛，空气也相当潮湿，相对湿度高达80%以上；重庆位于四川盆地的东南缘，周围有高山屏峙，而且地面也崎岖不平，风速十分小，风力微弱，静风频率相当大。白天，地面温度相当高，蒸发作用不断加强，从而使空气中容纳了许多的水汽；夜间，尤其是秋季和冬季的晴朗微风之夜，夜间相当长，而且地面的辐射冷却十分明显。与此同时，盆地边缘山地的冷空气会沿着山坡下沉，从而使近地面的空气降温十分剧烈，最终导致空气中能够容纳水汽的能力不断降低，而多余的水汽就会凝结而形成雾。所以，重庆成为全国著名的"雾都"。

雾消散的原因主要有以下三点：一是由于下垫面的增温，雾滴蒸发；二是风速增大，将雾吹散或抬升成云；三是湍流混合，水汽上传，热量下递，近地面雾滴蒸发。所以我们常见清晨大雾弥漫，太阳出来后雾逐渐散去的现象。

雾的种类有辐射雾、平流雾等。

1.辐射雾

由辐射冷却形成的雾，以秋、冬两季出现较多。此时期大陆上天气多晴朗少云，夜间长，辐射冷却强烈，尽管空气中水汽含量不及夏季，但辐射雾出现的频率却大于夏季。潮湿的山谷、洼地、盆地由于水汽充沛，加上冷空气沿山坡下滑聚集其中，加剧了空气的冷却，所以，这些地区经常会出现辐射雾。我国的四川盆地是有名的辐射雾区。

辐射雾形成的条件：

（1）近地面空气中水汽充沛。

（2）地面辐射使近地面气温降低，利于水汽凝结。

（3）风力弱，近地面大气稳定，水汽积存下来。

（4）有充足的凝结核。

2.平流雾

暖而湿的空气做水平运动，经过寒冷的地面或水面，空气中的水蒸气逐渐受冷液化而形成的雾。如冬季低纬度的暖湿气团向高纬度移动时，或暖季大陆上的暖空气向冷洋面移动时，都能形成平流雾。平流雾的范围广而深厚，浓度大，一天中任何时候都可以出现。

平流雾形成的条件：

（1）下垫面与暖湿空气的温差较大。

（2）暖湿空气的湿度大。

（3）适宜的风向（由暖向冷）和风速（2~7米/秒）。

（4）大气稳定。

雾和云都是由于温度下降而形成的，雾实际上也可以说是靠近地面的云，要区别雾和云，只需判断其是否接触地面。接触地面的为雾，不接触地面的为云。而雾滴与雨滴的区别是前者为小水滴，后者是大水滴。

雾为什么是白色的?

原来在组成雾的小水滴当中,含有大量的灰尘杂质,这些水滴和灰尘的大小比各个可见光的波长都要大,可见光透不过去,再加上水滴和灰尘本身会有许多的反射面,所以可见光都被反射了出来。换句话说就是各种颜色的光都被反射掉了,所以,雾就变成了白茫茫的。雾越浓越白就意味着水滴和灰尘越多,空气的质量也就越差。因此,在雾天里跑步,对身体健康是不利的。

互动提升

⓮ 下列城市中被称为"雾都"的是(   )。
A.东京   B.纽约   C.伦敦

⓯ 以下哪种情况出现以后,次日早晨更容易有大雾?(   )
A.白天下雨,夜间转晴无风   B.白天晴天,夜间下雨刮风
C.白天和夜间一直下雨

⓰ 海洋上暖而湿的空气移动到冷的大陆上或者冷的海洋面上,都较易形成(   )。
A.辐射雾   B.平流雾   C.蒸发雾   D.锋面雾

（二）冻雨

冻雨就是过冷却水滴与物体碰撞后立即冻结的液态降水。它虽然被称为冻雨,但雨滴本身并不处在冻结状态,冻雨滴的温度在0 ℃以下,只要一碰到物体就会立刻变成固态的冰,气象学上称雨凇（图2.8）。在云中,只要云中温度在0 ℃以下,一些细小的雨滴就以过冷水滴的形态存在。但因为云中的过冷水滴往往是一些半径较小的云滴,在冰水共存或大小水滴共有的条件下,这种过冷水滴被蒸发,或与大水滴合并凝华成雪花或凝结成大雨滴降落到地面。

图2.8　冻雨在树枝上冻结

冻雨是一种灾害性天气。它接触到物体会立刻凝结成冰,如凝聚在电线上会加重其承载量,使电线折断。冻雨大多出现在1月上旬至2月中旬,起始日期具有北早南迟、山区早、平原迟的特点,结束日则相反。冻雨以山地和湖区多见;中国南方多、北方少;潮湿地区多而干旱地区少;山区比平原多,高山最多。

2008年1月中旬至2月上旬,我国南方出现历史上罕见的低温雨雪冰冻天气,持续时间很长,其中就有冻雨,造成供电铁塔倒塌、交通中断、铁路瘫痪,农作物受灾严重,给群众生命财产安全带来严重的威胁。

 互动提升

❶❼ 我国冻雨(　　)。

　　A.北方多于南方　　　B.北方起始晚于南方　　　C.山区多于平原　　　D.初冬多于隆冬

(三)雾凇

雾凇是在空气层中水汽直接凝华,或过冷却雾滴直接冻结在树枝、电线等地物迎风面上的乳白色的冰层。它是由过冷水滴凝结而成的,不过这些过冷水滴不是从天上降落下来的,而是悬浮在空气中由风吹送来的。这种水滴要比形成雨凇的雨滴小得多。当它们撞击到树枝、电线等物体的表面后会迅速冻结。由于雾凇中雾滴与雾滴之间的空隙很多,所以,

图2.9　雾凇

在光线照射下,雾凇呈银白色,附着在树木物体上宛如琼树银花,清秀雅致(图2.9)。

 互动提升

❶❽ 最有利于松花江雾凇形成的天气是(　　)。

　　A.晴朗大风的白天　　　　　　　　B.晴朗微风的夜晚

　　C.风雨交加的夜晚　　　　　　　　D.细雨蒙蒙的白天

❶❾ 玉树银枝,梨花竞放的北国风光别具风韵,这是气象上所说的哪一种现象?(　　)

　　A.雾凇　　　　　　B.雾　　　　　　C.积雪

（四）霜

霜是指夜间地面冷却到0 ℃以下时，空气中的水汽凝华在地面或者地物上的冰晶（图2.10）。

图2.10　叶面上的霜

1.霜的成因

地球上白天受太阳光的照射，气温比较高，大地表面的水分不断地被蒸发，使得接近地面的空气中存在着一定的水汽。到了深秋、冬季或初春的夜间或清晨，天气非常寒冷，特别是没有云且静风时，寒冷的空气堆积在地面附近，当遇到0 ℃以下的物体或农作物时，空气中的水汽就会附在物体上凝华成冰晶，这就是霜。霜是由地面附近的水汽凝华而成的，不是从天上降下来的，所以不管什么地方，只要达到凝结条件就会有霜出现。这就是为什么我们在瓦片底下也能见到霜。

2.霜冻

霜冻是作物生长季节里因气温降到0 ℃以下而使作物遭受冻害的现象，所以霜和霜冻不是一回事。出现霜冻时往往伴有白霜，不伴有白霜的霜冻被称为黑霜。各种作物生长所要求的最低温度不同，遭受冻害的指标也不同，但多数作物当地面温度降到0 ℃以下时就会出现霜冻。

尽管有霜出现时常伴有霜冻，给农作物的生长带来不利的影响，严重时还会造成灾害。但霜也并非百害而无一利，经霜打的枫叶，鲜红似火，给晚秋增添了烂漫的色彩。唐代杜牧的"停车坐爱枫林晚，霜叶红于二月花"（《山行》），就是写霜叶的千古绝句，为世人传诵而经久不衰。

互动提升

20 霜，是（　　）在地面和近地面物体上凝华而成的白色松脆的冰晶。

　A.水　　　　　　B.水汽　　　　　　C.冰

21 霜是从天上降下来的吗?（　　）

　A.是　　　　　　B.不是

㉒ "天雨初晴,北风寒彻"造成"是夜必霜",其原因是（　　）。

　　A.受冷气团影响,加之晴朗的夜晚,大气逆辐射较弱

　　B.雨后的夜晚,气温必定很低

　　C.晴朗的夜晚,地面辐射较弱

　　D.晴朗的夜晚,地面辐射加强

（五）露

　　空气中的水蒸气遇到地面上冷的物体会液化成小水滴附着在其表面,形成露,也就是说露是水蒸气液化形成的小水珠（图2.11）。

　　上面介绍了常见的与水有关的天气现象,它们当中有些是由于水汽上升运动冷却后形成的,有些是水汽遇到冷地面、冷植物等后冷却形成的;有些冷却凝结成水滴（液化现象）,有些冷却凝结成冰晶（凝华现象）,希望大家通过归类总结,学会区别它们。

图2.11　叶片上的露珠

互动提升

㉓ 露是一种天气现象,它是水汽冷却（　　）生成。

　　A.凝华　　　　　　B.凝结　　　　　　C.冻结

六　视程障碍现象

（一）霾

　　霾是大量微小尘粒、烟粒或盐粒等均匀浮游空中,使水平能见度低于10千米的空气普遍混浊形象（图2.12）。

　　雾和霾相同之处都是视程障碍现象,但雾与霾却有很大的差别。雾是浮游在空中的大量微小水滴或冰晶;霾是大量极细微的颗粒物（主要是细颗粒物$PM_{2.5}$）均匀地浮游在空中。发生霾时

图2.12　霾笼罩下的城市

相对湿度不大，而雾中的相对湿度是饱和的。由于灰尘、硫酸、硝酸等粒子组成的霾，其散射波长较长的光比较多，因而霾看起来呈黄色或橙灰色。

霾形成的气象条件：深秋至来年初春期间，地面温度较低，近地面出现逆温（气温随高度的增加而递增），对流运动弱，当冷空气活动弱，大气环流稳定，静风或微风条件下，近地面水汽和尘埃不易散失，在近地面凝结，形成霾天气。气温愈低，空气中所能容纳的水汽也愈少，越容易形成霾。

🞂 互动提升

24 出现雾、霾时，地面到低空1千米的大气温度分布随着高度如何变化不利于雾、霾的消散？（　　）

　　A.高度升高，气温下降　　　　　　　　B.高度升高，气温不变
　　C.高度升高，气温升高

（二）沙尘暴

沙尘暴是沙暴和尘暴的总称，是指强风从地面卷起大量沙尘，使水平能见度小于1千米，具有突发性和持续时间较短特点的概率小、危害大的灾害性天气现象（图2.13）。其中沙暴是指大风把大量沙粒吹入近地层所形成的挟沙风暴；尘暴则是大风把大量尘埃及其他细颗粒物卷入高空所形成的风暴。

沙尘暴是风蚀荒漠化中的一种天气现象，它的形成受自然因素和人类活动因素的共同影响。自然因素包括

图2.13　沙尘暴席卷城市

大风、降水减少及其沙源。人类活动因素是指人类在发展经济过程中对植被的破坏等。

沙尘暴天气主要发生在冬春季节，这是由于冬春季半干旱和干旱区降水甚少，地表极其干燥松散，抗风蚀能力很弱，当有大风刮过时，就会有大量沙尘被卷入空中，形成沙尘暴天气。

沙尘暴的形成需要3个条件：一是地面上的沙尘物质。它是形成沙尘暴的物质基础。二是大风。这是沙尘暴形成的动力基础，也是沙尘暴能够长距离输送的动力保证。三是不稳定的空气状态。这是重要的局地热力条件。沙尘暴多发生于午后傍晚说明了局地热力条件的重要性。

㉕ 沙尘暴属于（　　）。

A.气象灾害　　　　　B.海洋灾害　　　　　C.地质灾害　　　　　D. 天文灾害

㉖ 当沙尘暴发生时，以下做法错误的是（　　）。

A.打开窗户保持通风　　　　　B.关紧门窗　　　　　C.取消外出活动

七　大气光学现象

（一）彩虹

　　彩虹，简称为虹，是大气中的一种光学现象（图2.14）。当太阳光照射到空气中的水滴时，光线被折射及反射，在天空上形成拱形的七彩光谱，从外至内分别为：红、橙、黄、绿、蓝、靛、紫。

　　其实只要空气中有水滴，而阳光正在观察者的背后以低角度照射，便可能产生可以观察到的彩虹现象。彩虹

图2.14　彩虹

最常在下午雨后刚转天晴时出现。这时空气内尘埃少且充满小水滴，天空的一侧因为仍有雨云而较暗，若此时观察者面对暗侧，而观察者头上或背后没有云的遮挡使可见阳光顺利射向暗侧，这样彩虹便会较容易被看到。彩虹的出现与当时天气变化相关，一般人们从虹出现在天空中的位置可以推测即将出现晴天或雨天。东方出现虹时，本地是不大容易下雨的；而西方出现虹时，本地下雨的可能性很大。另外，除了在雨后天空看到彩虹外，在晴天的瀑布附近也可见到。如果在晴朗的天气下背对阳光在空中洒水或喷洒水雾，亦可以人工制造彩虹。

㉗ 彩虹一般出现在（　　）。

A.早晨　　　　　B.晚上　　　　　C.雨过天晴的时候

28 雨过天晴，可能会出现彩虹。太阳在什么位置才能看到彩虹？（ ）

　　A.在观察者的面前　　　　　　　B.在观察者的侧面

　　C.在观察者的背后

（二）晕

　　若太阳或月亮周围存在卷层云，当阳光或月光透过卷层云时，冰晶的存在会使光发生折射和反射，从而在太阳或月亮周围产生彩色光环，这样的光环称为日晕（图2.15）或月晕，统称为晕。晕的色序与虹相反，内侧呈淡红色，外侧为紫色。因为有卷层云存在才会出现晕，而卷层云常处在离锋面雨区数百千米的地方，随着锋面的推进，雨区不久将可能移来，因此，晕往往成为阴雨天气的先兆。

图2.15　日晕

观测实践 看见晕现象后，观察天气会不会转差。

（三）霞

　　霞指日出、日落时天空及云层上因日光斜射而出现的彩色光象或彩色的云。霞分为朝霞和晚霞（图2.16）。

　　晚霞是指傍晚日落前后的天边出现的五彩缤纷的霞；而朝霞则是指早晨日出前后的霞。霞的形成都是由于空气对光线的散射作用。当太阳光射入大气层后，遇到大气分子和悬浮在大气中的微粒，就会发

图2.16　晚霞

生散射。这些大气分子和微粒本身是不会发光的，但由于它们散射了太阳光，使每一个大气分子都形成了一个散射光源。

　　根据瑞利散射定律，阳光进入大气时，波长较长的色光，如红光，透射力大，能透过大气射向地面；而波长短的紫、蓝、青色光，碰到大气分子、冰晶、水滴等时，就很容易发生散射

现象。被散射了的紫、蓝、青色光布满天空，就使天空呈现出一片蔚蓝。因此，我们看到晴朗的天空总是呈蔚蓝色。而在早上和晚上，由于太阳光是斜射的，传播路径比较长，太阳光在通过厚厚的大气层后，那些波长短的色光基本都被悬浮在大气中的微粒给挡住了，走不远，而波长较长的红光很容易跨过障碍物，可以到达更远的地方，所以我们在日出和日落时看到的朝霞和晚霞往往是红色的。

互动提升

㉙ 通常出现晚霞意味着次日的天气是?（　　）

A.晴朗少云　　　　　B.将有降雨　　　　　C.不好说

八　风

大家都听说过"热极生风"吧，那么到底什么是"风"呢? 风是空气在水平方向上的运动，它是由太阳辐射引起的。太阳照射地表的不同区域，受地理位置和地表状况不同的影响，地面受热不一样。有的地方受热多，气温高，空气热；有的地方受热少，气温相对较低，空气相对冷。热空气膨胀变轻而上升，周围的较冷空气过来补充，如此不断循环，就产生了风。或者说，由于地球各地受太阳照射的情况不一样，造成大气受热不均，引起大气热运动，在垂直方向上发生了上升与下沉运动，同时在水平面上出现了高、低压现象，气压差产生了水平面的大气运动，空气从气压高的地方向气压低的地方流动就形成了风。

帮助记忆

水平气压梯度力（垂直等压线，由高压指向低压）形成风；地转偏向力使风发生偏转（北半球向右偏，南半球向左偏），但不能改变风速；摩擦力减少风速。

互动提升

㉚ 形成风的主要原因是（　　）。

A.空气上升与下降的对流运动　　　　B.水平方向上气压的差异

C.地势高低的不同　　　　　　　　　D不同高度空气的密度不同

（一）海陆风

在近海岸地区，白天风从海上吹向陆上，夜间又从陆上吹向海上，这种昼夜交替、有规律地改变方向的风称海陆风。其中，从海上（水域）吹向陆地的风叫作海风，从陆地吹向海上（水域）的风叫作陆风（图2.17）。

为什么会出现这种天气现象？先介绍一个热力学中常用的物理量——比热容，简称比热，亦称比热容量，指单位质量的某种物质升高或下降单位温度所吸收或放出的热量。比热容这个物理量可以用来表示物体吸热或散热能力，物质的比热容越大，以相同的热能加热相同质量的物质，温度升高幅度越小。同理，放热释放相同的热量，比热容越大的物质降温幅度越小。以水和油为例，水和油的比热容分别约为4200 焦/（千克·开）和

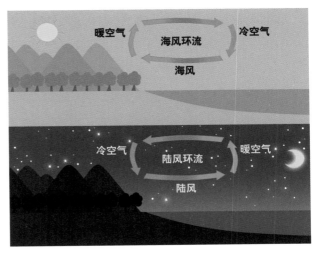

图2.17　海陆风示意图

2000焦/（千克·开），若以相同的热能分别把相同质量的水和油加热的话，油的升温幅度将比水的大。

海陆风的形成原因：由于陆地和海洋的比热容不一样，陆地的比热容小于海水，所以白天陆地升温比海面快，近地面气温高，空气上升形成近地面低压，水平风会从海面吹向陆地；夜晚陆地降温比海面快，近地面气温低，上层空气下沉形成地面高压，导致水平风从陆地吹向海洋。所以，海陆风是因海洋和陆地受热不均匀而在海岸附近形成的一种有日变化的风系。

沿海地区的昼夜温差比内陆地区的小是因为水的比热容大于陆地；农田夏天喷水给农作物降温补水，冬天灌水给农田保温，都是利用了水的比热容相对于土壤、空气较大这个特性。

帮助记忆

	海陆热力性质差异	气温气压	气压中心
夏季	陆地比海洋升温快	陆地气温高，气压低	形成陆地热低压
冬季	陆地比海洋降温快	陆地气温低，气压高	形成陆地冷高压

互动提升

31 土温、气温、水温日较差相比较，以（　　）最大。

　　A.土温　　　　　　B.气温　　　　　　C.水温

32 寒冷时期，农田灌水保温，是因为水的比热容量（　　）。

　　A.大　　　　　　B.小

33 根据海陆风知识分析，此图表示的时间和风向应该是（　　）。

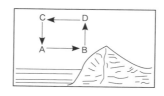

A.白天，海风　　　B.夜晚，海风　　　C.白天，陆风　　　D.夜晚，陆风

（二）山谷风

在山区，白天风沿山坡、山谷往上吹，夜间则沿山坡、山谷往下吹，这种在山坡和山谷之间随昼夜交替而转换风向的风叫山谷风（图2.18）。

山谷风的形成原理跟海陆风类似，都是地面受热不均的结果。白天，向阳山坡接受太阳光热较多，成为一只小小的"加热炉"；而山谷上空，同高度上的空气因离地较远，增温较少，于是山坡上的暖空气不断上升，谷底的空气则沿山坡向山顶补充，称为谷风。这样便在山坡与山谷之间形成一个热力环流。到了夜间，山坡上的空气受山坡辐射冷却影响，"加热炉"变成了"冷却器"；而谷底上空，同高度的空气因离地面较远，降温较少，于是山坡上的冷空气因密度大，顺山坡流入谷底，称为山风。谷底的空气因汇合而上升，形成与白天相反的热力环流。

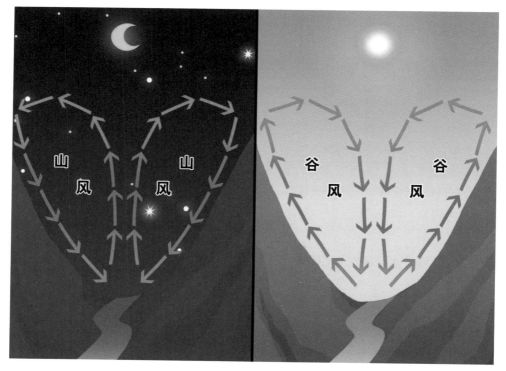

图2.18　山谷风示意图

白天吹谷风，晚上吹山风。

互动提升

34 由于山顶与谷底附近空气之间的热力差异而引起白天吹（　　）。

　　A.谷风　　　　　　B.山风　　　　　　C.陆风　　　　　　D.海风

（三）焚风

　　焚风是山区特有的天气现象，它是由于气流越过高山后下沉造成的。当一团空气从高空下沉到地面时，每下降1000米，温度平均升高6.5 ℃（请大家回看第一章"绝热过程"知识帮助理解）。这就是说，当空气从海拔4000～5000米的高山下降至地面时，温度会升高20 ℃以上，使凉爽的气候顿时热起来，这就是焚风产生的原因（图2.19）。

　　焚风在世界很多山区都能见到，但以欧洲的阿尔卑斯山和美洲的落基山最为有名。阿尔卑斯山脉在刮焚风的日子里，白天温度可突然升高20 ℃以上，初春的天气会变得像盛夏一样，不仅热，而且十分干燥，经常发生火灾。强烈的焚风吹起来，能使树木的叶片焦枯，土地龟裂，造成严重旱灾。

图2.19　焚风形成示意图

㉟ 关于焚风的影响的叙述，正确的是（　　）。

A.可以带来丰富的降水，引发洪涝灾害

B.可能带来大风降温的天气

C.可能会使农作物的成熟期后退

D.可能会使树木的叶片焦枯、土地龟裂，造成严重旱灾

㊱ 当气流过山以后，形成的干而暖的地方性风，称为（　　）。

A.山风　　　　　　B.谷风　　　　　　C.焚风　　　　　　D.热层风

互动提升答案

❶ A	❷ A	❸ C	❹ A	❺ B	❻ B	❼ A	❽ A
❾ D	❿ B	⓫ A	⓬ C	⓭ B	⓮ C	⓯ A	⓰ B
⓱ C	⓲ B	⓳ A	⓴ B	㉑ B	㉒ A	㉓ B	㉔ C
㉕ A	㉖ A	㉗ C	㉘ C	㉙ A	㉚ B	㉛ A	㉜ A
㉝ A	㉞ A	㉟ D	㊱ C				

第三章

强对流天气

　　强对流天气是气象学上所指的发生突然、移动迅速、天气剧烈、破坏力极强的灾害性天气，主要有雷雨大风、短时强降水、冰雹、龙卷、飑线等。强对流天气空间尺度小，一般水平范围在十几千米至二三百千米，有的水平范围只有几十米至十几千米；其生命史短暂并带有明显的突发性，为1小时至十几小时，较短的仅有几分钟至1小时；强对流天气来临时，经常伴随着电闪雷鸣、风大雨急等恶劣天气，致使房屋倒毁、庄稼树木受到摧残、电信交通受损，甚至造成人员伤亡等。

一　雷雨大风

　　夏秋时节，在天空中常见一种形如高山的云，气象上称它为积雨云。雷电就是从积雨云中产生的一种天气现象（图3.1）。积雨云里存在着带有负电荷和正电荷的云块，它们之间发生放电现象就形成雷电。放电时发出的细长耀眼的火光带就是闪电。放电过程中产生很大的热量使周围空气的体积突然膨胀，引起空气的极大震动，产生很大的响声，这就是雷声。

图3.1　雷电

　　雷雨大风，是指在出现雷、雨天气现象时，平均风力≥6级、阵风≥8级的天气现象。当雷雨大风发生时，乌云滚滚，电闪雷鸣，狂风夹伴强降水，有时伴有冰雹，风速极大。它涉及的范围一般只有几千米至几十千米。

　　雷电对人类生活会造成极大的伤害，避雷针是常见的防雷装置。那么，避雷针的发明者是谁？现代避雷针是美国科学家富兰克林发明的。富兰克林认为闪电是一种放电现象，为了证明这一点，他在1752年7月的一个雷雨天，冒着被雷击的危险，将一个系着长长金属导线的风筝放飞进雷雨云中，在金属线末端拴了一串铜钥匙，当雷电发生时，富兰克林用手接近钥匙，钥匙上迸出一串电火花，手上还有麻木感。幸亏这次传下来的闪电比较弱，富兰克林没有受伤。

此次试验后，富兰克林认为，如果将一根金属棒安置在建筑物顶部，并且以金属线连接到地面，那么所有接近建筑物的闪电都会被引导至地面，而不至于损坏建筑物。

避雷针的工作原理是这样的：在雷雨天气，高楼上空出现带电云层时，避雷针和高楼顶部都被感应上大量电荷，由于避雷针针头是尖的，避雷针就聚集了大部分电荷。避雷针与带电云层形成了一个电容器，由于电容器的两极板正对面积很小，所以电容也就很小，即所能容纳的电荷很少。当云层上电荷较多时，避雷针与云层之间的空气就很容易被击穿，成为导体。这样，带电云层与避雷针形成通路，而避雷针又是接地的，避雷针就可以把云层上的电荷导入大地，使其不对高层建筑构成危险。但请注意，避雷针只是减小了建筑物被雷击的概率，并不是安装上避雷针后，建筑物就一定能避免雷击，所以遇到雷电天气时，大家要及时采取雷电防御措施。

互动提升

1 雷电是常见的自然现象，雷电发生时常常先看见闪电后听到雷声，这是因为（　　）。
  A.光速大于声速   B.眼睛长在耳朵前面
  C.先闪电后打雷

2 避雷针是（　　）发明的。
  A.林肯   B.富兰克林   C.约翰逊

二　短时强降水

短时强降水是指短时间内降雨强度较大，降水量达到或超过某一量值的天气现象，是强对流天气的一种，常发生在夏季午后（图3.2）。

形成对流性天气的基本条件有3个，即：水汽条件，不稳定层结条件，抬升力条件。其中，水汽条件是成云致雨的最基本条件。水汽越多，空气湿度越大，可降水量越大。因此，当发生源源不断的水汽输送，一个地区就会长时间处在空气饱和的状态。其次，大气必须处于不稳定状

图3.2　短时强降水

态，也就是不稳定层结条件。例如前文提过的水油混合，水比油密度大，将它们装在一个瓶子里的时候，必然是水在下、油在上；如果倒转瓶子，油和水就会首先进行混合、翻滚，最后再次形成油在上、水在下的情况。因此，油在上、水在下的情况是稳定的；如果是水在上、油在下的不稳定情况，二者之间就会混合、翻滚。同理，冷空气比暖空气密度大，因此稳定的大气层结是冷空气在下、暖空气在上，但由于种种原因出现了与之相反的情况，大气层结就不稳定了。一旦有"抬升条件"这个触发机制，冷暖气团激烈碰撞，就产生了雷雨大风等对流性天气。因此，抬升条件便是对流性天气产生的最后一个条件。夏季的午后，太阳辐射强，在强烈的阳光照射下，地表增温迅速，地表温度远高于空气温度。在地表加热作用下，越接近地面的空气温度越高，密度越小，就越容易向上层运动，形成一个上升的湿热空气流。当上升到一定高度时，由于气温下降，空气中包含的水蒸气就会凝结成水滴。当水滴下降时，又被更强烈的上升气流携升，如此反复不断，小水点开始积集成大水滴，直至高空气流无力支撑其重量，最后下降成雨。这也是为什么夏雨不像春雨那样细雨绵绵，水滴较大的原因。

互动提升

❸ 以下不属于强对流天气的是（　　）。

　　A.强冷空气　　　　B.雷雨大风　　　　C.短时强降雨

　　D.冰雹　　　　　　E.龙卷

三　冰雹

　　气象学中通常把直径在5毫米以上的固态降水物称为冰雹（图3.3）。冰雹的形状大多数呈椭球形或球形，但锥形、扁圆形以及不规则形也是常见的。

　　冰雹形成和成长的地方，位于云层中−30～−10 ℃的部分。在这里，有大量的过冷水滴随着气流飘动，而其中较大的过冷水滴通过冻结、凇附、凝华，形成了固态雹胚。雹胚形成以后，在不稳定能量所致的强烈上升气流的推动下不断运动，继续吸收兼并附近的水滴，或利用它身体表面的潮湿水膜，"捕

图3.3　冰雹

获"周围的细小冰晶或冰粒子，从而不断成长，最终成为冰雹。我们可以看出，冰雹的成因既有大气热运动，又有水的三态变化，冰雹也可以归类到第三章与水有关的天气现象中介绍，所以不要把天气现象绝对地划分为是由大气热运动引起的，或者是水的三态变化引起的。本书前面之所以分开两大类介绍，是希望引导读者从多个角度去认识天气现象的成因，正所谓"世事无绝对，只有真情趣"。

冰雹是在积雨云强烈的空气对流运动过程中产生的，在冬天，空气比较稳定，上下气流的速度差不像夏天那样大，空气垂直对流运动不像夏天那么强烈，积雨云不容易出现，所以冰雹不容易发生。但是，春天为什么也会下冰雹？这是因为，在春天，北方仍然有冷空气活动，而此时南方的气温回暖比较明显，空气有时变得又热又湿。这个时候，如果较强的冷空气南下并与暖空气产生强烈碰撞，南方就会出现降雨。当碰撞表现得比较激烈的时候，就会伴有电闪雷鸣，甚至会下起冰雹。

一次冰雹过程会持续多长时间呢？冰雹过程的持续时间较短，一般仅为2～10分钟，少数情况下可持续十几分钟。单次冰雹过程的影响范围也不大，一般为宽约几十米到数千米、长约数百米到十余千米的地带。"雨急并携雹子来，时间较短险成灾。"正是因为冰雹"来去匆匆"，亦具有局地性，针对冰雹天气的精准预报一直是个难题。

互动提升

❹ 当冰雹这种灾害性天气发生时，下列做法正确的是（　　）。

A.马上到户外抢救农作物　　　　　B.躲在房屋中

C.快速跑到空旷的地方　　　　　　D.撑伞外出看冰雹

四　龙卷

龙卷是从积雨云中伸向地面的一种范围很小、破坏力极大的空气涡旋（图3.4）。发生在陆地上的叫陆龙卷；发生在海洋上的叫海龙卷，又叫水龙卷。龙卷是大气中最强烈的涡旋的现象，常发生于夏季的雷雨天气时，尤以下午至傍晚最为多见，影响范围虽小，但破坏力极大。龙卷经过之处，常会发生拔起大树、掀翻车辆、摧毁建筑物等现象，它往往使成片庄稼、成万株果木瞬间被毁，令交通中断、房屋倒塌、人畜生命和经济遭受损失等。

图3.4　龙卷

美国被称为"龙卷之乡"，每年都会有1000～2000个龙卷，而且强度大。为什么美国龙卷特别多？美国东濒大西洋，西靠太平洋，南面又有墨西哥湾，大量的水汽不断从东、西、南面流向美国大陆。水汽多，积雨云就容易发生发展。当积雨云发展到一定强度后，就会产生龙卷。"龙卷走廊"是指位于北美大平原、美国得克萨斯州西部和明尼苏达州之间的一条狭长地带，这片定义模糊的区域因发生在这里的大量龙卷而得名。平均每年这里会形成1000次龙卷，风速达到400千米/小时，沿途经过的农田、房屋、人和牲畜都被摧毁殆尽。

 **观测实践**

模拟小小龙卷

实验器材：网上购买连接零件或连接器，2个水瓶。

实验步骤：

（1）将其中一个矿泉水瓶装上半瓶水，然后用连接器将2个水瓶连接起来。

（2）将步骤（1）的装置翻转，双手分别握住两个水瓶，向同一方向快速摇晃，观察水形成的漩涡（图3.5）。

实验分析：在这个实验中，装有水的瓶子相当于积雨云，连接器相当于龙卷的风眼，空瓶子相当于地面的暖湿气流，手的水平摇动相当于大气的水平流动，此时瓶子里的水就会旋转向下形成漩涡，模拟龙卷的形成过程。

图3.5　龙卷模拟实验图

互动提升

❺ 请问以下哪种不属于龙卷？（　　）

　A.陆龙卷　　　　B.龙吸水　　　　C.火龙卷　　　　D.尘卷风

五　飑线

飑线是指范围小、生命史短、气压和风发生突变的狭窄强对流天气带。它来临时会出现风向突变、风力急增、气压猛升、气温骤降等强天气现象。在飑线附近，除了风、气压、气温的猛烈变化外，通常还可能伴有雷电、暴雨、冰雹和龙卷等剧烈的天气过程。

飑线通常伴随或先于冷锋出现，其破坏力很强。飑线的产生多是由于冷空气行进至暖湿地区时造成了上冷下暖的格局，使对流层上下热力结构不同，产生高强度的强对流天气。飑线上的雷暴通常是由若干个雷暴单体组成的，因此可以产生剧烈的天气变化。

由于飑线的出现非常突然，一般要在站点加密的中尺度天气图和气象雷达回波显示屏上（图3.6），连续不断地观测，才能发现飑线的活动。

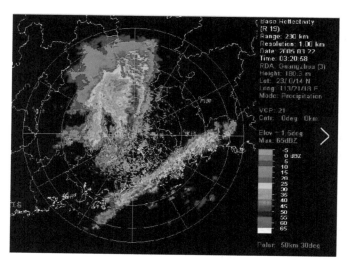

图3.6　雷达回波图

互动提升答案

❶ A	❷ B	❸ A	❹ B	❺ D			

第四章 气候带

上文介绍了常见的各种天气现象与成因。这些天气现象都有一个共同特点，都是某一个地区在某一瞬间或某一短时间内的大气状态。而从本章开始，我们要介绍气候，即大气物理特征的长期平均状态，并介绍与气候有关的气象知识。

一 气候

（一）气象、天气与气候的区别

气象，是指大气的状态和现象。例如刮风、闪电、打雷、结霜、下雪等。天气指的是某一地区在某一瞬间或某一短时间内，大气现象及大气状态的综合。"今天的天气很好啊，不冷不热，还有点微风，很适合出去游玩。"这里说的就是天气，指的是短时天气现象。

气候指的是在太阳辐射和气候系统各子系统相互作用下，地球上某一区域气象要素的多年平均状况及其极端情形。"云南昆明夏无酷暑，冬无严寒，四季如春。"这里说的就是气候，指的是一种平均状态，主要反映一个地区的冷暖干湿等基本特征（表4.1）。

表4.1 天气与气候的区别与联系

	天气	气候
关注时间	几小时或一天	月、季、年、数年到数百年
要素	气温、降水、风、云、雾等	气温、降水等
联系	天气是气候的基础	气候是多年天气状况的综合
区别	天气是多变的，是对大气状况的定量描述	气候是相对稳定的，是对大气状况的定性描述

（二）影响气候的因素

1.太阳辐射因子是气候的根本动力来源

太阳辐射是地面和大气的热能源泉，由于受纬度和地球自转、公转变化、海陆分布、地形地势的影响，不同地区的地面热量收支差额不同，导致形成的气候不同。

太阳辐射分布的不均匀性是造成各地气候差异的根本原因。由于地球是一个球体，不同纬度带上太阳照射角不同，所得到的太阳辐射能量(热量)也不同。一般来说，纬度越高太阳照射角越低，所得到的太阳辐射也就越少，温度就越低；反之温度就越高。这就使得相同或相近纬度带上各地气候具有一定的相似性，但不同纬度带上的气候就有很大的差异。

2.下垫面因子对气候的形成有着相当重要的作用

（1）洋流：洋流对气候的影响主要为湿度和热量，其中暖流对沿岸地区气候起到增温、增湿的作用，寒流对沿岸地区的气候起到降温、减湿的作用。

（2）海陆分布：海陆分布与地理条件对形成气候有重要影响。海洋占地球表面总面积的71%，陆地仅占29%。海洋不仅面积远大于陆地，而且与陆地具有不同的热力学特性。海水热容量大，接收到的太阳辐射大部分被海水吸收，热量被存贮在海洋内部，升温缓慢但降温也慢。陆地热容量相对海洋小得多，没有贮存大量热量的能力，增温快降温也快，因此形成冬冷夏热的气候。比较而言，大陆上的气温日较差（一天中最高气温减去最低气温，通俗理解为全天的温差）和年较差（一年中最热月平均气温减去最冷月平均气温，通俗理解为全年温差）比海洋大。气温的年较差是区分大陆性气候和海洋性气候的重要指标，并且，夏季大陆是热源，冬季海洋是热源，热源有利于低压系统的形成和加强，而冷源有利于高压系统的形成和加强。

（3）地形地势：地形地势对局部气候的形成有重要作用。例如山地气候中的阳坡效应和阴坡效应，迎风坡效应和背风坡效应。大致而言，地形主要是对气流产生阻挡和抬升作用。山地迎风坡降水较多，背风坡降水较少。在高原地区，气温随海拔增高而降低，气候垂直变化显著，辐射强，气温的年较差小，而日较差大，形成高原山地气候。

3.大气环流对某地气候形成有直接影响

大气环流引导着不同性质的气团活动、锋、气旋和反气旋的产生和移动，对气候形成有重要意义。常年受低压控制，以上升气流占优势的赤道带，多降水充沛，森林茂密；相反，常受高压控制，以下沉气流占优势的副热带，则大多降水稀少，易形成沙漠。因此，在不同的环流控制下就会有不同的气候，即使同一环流系统，如果环流的强度发生改变，它所控制的地区的气候也将发生改变；如果环流出现异常情况，则气候也将出现异常。

4.人类活动

通过改变地面状况，影响局部地区气候。如人工造林可使局部地区气候有所改善，任意砍伐森林可使当地气候恶化。此外，人类活动还可形成热岛效应等，全球变暖与人类活动有关。

帮助记忆

天气，时间短，多变；气候，时间长，具有稳定性。

拓展阅读

湿地如何调节气候？

大面积的湿地，通过蒸腾作用能够产生大量水蒸气，不仅可以提高周围地区空气湿度，减少土壤水分丧失，还可诱发降水，增加地表和地下水资源。据一些地方的调查，湿地周围的空气湿度比远离湿地地区的空气湿度要高5%～20%，降水量相对也多。因此，湿地有助于调节区域小气候，优化自然环境，对减少风沙干旱等自然灾害十分有利。湿地还可以通过水生植物的作用，以及化学、生物过程，吸收、固定、转化土壤和水中营养物质含量，降解有毒和污染物质，净化水体，消减环境污染。广东海珠湖国家湿地公园是广州城区重要的生态隔离带，被誉为广州"南肾"，与"北肺"白云山一起构成广州主城区的两大生态屏障。

互动提升

❶ 下述哪句俗语形象地表述了山地气象的特点（　　）。

　　A.早穿皮袄午穿纱，围着火炉吃西瓜

　　B.天无三日晴，地无三尺平

　　C.一山有四季，十里不同天

❷ 能够对地球气候产生影响的星体是（　　）。

　　A.北极星　　　　　　B.火星　　　　　　C.太阳

❸ 北京春季的（　　）特点是气温变化幅度大、干燥少雨且多风。

　　A.天气　　　　　　B.气候　　　　　　C.气象

❹ 下列描述中，属于气候的是（　　）。

　　A.狂风暴雨　　　　B.夜来风雨声，花落知多少

　　C.阴雨连绵　　　　D.秋高气爽

二　气候表征

　　气候以冷、暖、干、湿这些特征来衡量，气候的基本要素为气温和降水，通常由某一时期的平均值和离差值表征。

　　气温常统计分析下面几个数值：

　　（1）日均温（日平均气温）：将一天中数次测得的气温相加，除以测量次数。

　　（2）气温日变化（气温日较差）：一天中最高气温减去最低气温。

　　（3）气温月均温（月平均气温）：将全月中各日日均气温相加，除以日数。

　　（4）气温月变化（气温月较差）：整月中最高日平均气温减去最低日平均气温。

　　（5）年均温（年平均气温）：将全年中各月月平均气温相加，除以月数。

　　（6）气温年变化（气温年较差）：一年中最高月月平均气温减去最低月月平均气温。

　　降水量等气象要素也是用类似方法统计分析。

❺ 在北半球中高纬度地区,陆地气温最冷月一般为（　　）月份。

A.12　　　　　　　B.1　　　　　　　C.2　　　　　　　D.3

❻ 对气温的观测,通常一天要进行4次,一般在北京时间02时、08时、14时和20时。若这4个时次测得的气温分别为15 ℃、21 ℃、32 ℃、24 ℃,则当天的日平均气温是（　　）。

A.23 ℃　　　　　　B.23.5 ℃　　　　　　C.28 ℃　　　　　　D.18 ℃

三　地球五带

由于地球公转时地轴与轨道面的铅垂线有23° 26′的倾斜,而且倾斜方向不变,因而导致太阳直射点徘徊于南北纬23° 26′之间。这样,一方面,世界各地（赤道除外）产生昼夜长短变化,在极圈内出现极昼极夜现象;另一方面,产生了气温高低变化,使气温从赤道向两极递减,最后形成了地球五带。也就是说,根据太阳高度角和昼夜长短随纬度的变化,将地球表面有共同特点的地区,按纬度划分为5个热量带,即热带、南温带、北温带、南寒带、北寒带（图4.1）。

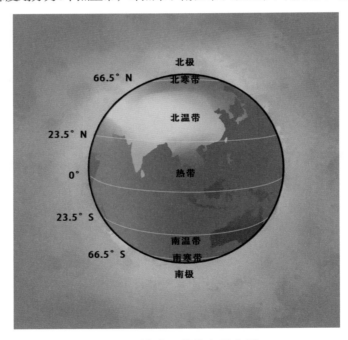

图4.1　地球五带分布示意图

（一）热带

南北回归线之间的地带,地处赤道两侧,南北跨纬度46° 52′。本带太阳高度角终年很大,在两回归线之间的广大地区一年有两次太阳直射的机会。热带的特点是全年高温,变幅很小，只有相对热季和凉季之分或雨季、干季之分。

（二）温带（南温带、北温带）

南、北回归线和南、北极圈之间的中纬地带。南、北温带各跨纬度43°8′。本带内太阳高度角变化很大，随纬度增高，太阳高度角逐渐减小。太阳高度角一年之中有一次由大到小的变化，气温也随之出现一高一低的变化，昼夜长短的变化也很大。在温带太阳高度角比热带小，获得热量少于热带，温度低于热带。太阳高度角和昼夜长短的变化非常显著，所以四季分明是温带的特点。

（三）寒带（南寒带、北寒带）

分别以南、北极为中心，极圈为边界的地带。本带太阳高度角终年很小，且有负值出现，极昼和极夜现象随纬度的增高愈加显著。极昼时期由于太阳高度角很低，地面获得热量很少，极夜时期，地面没有太阳辐射。所以这一地带是地球表面气温最低的地带，气候终年寒冷，没有明显的四季变化。

总之，热带是地球表面最大的热源，两极是最大的冷源，所以赤道与两极地区之间的热量传输与交换对全球性的大气环流、洋流的形成与分布具有决定意义，广大的温带地区正是冷暖气流接触和热量交换的地带，在那里形成四季分明多变的天气气候特征。

上面五带是依据太阳辐射来划分的，叫作天文气候带。柯本以气温和降水为基础并联系各种植被类型，把世界气候划分为：热带多雨气候、干燥气候、暖温气候、寒冷气候和极地气候5个基本气候带。现在一般考虑诸多因素的综合作用可把全球分为11个气候带，即赤道气候带，南、北热带，南、北副热带，南、北暖温带，南、北冷温带，南、北极地气候带。

互动提升

❼ 地球形成五带的原因主要是什么？

❽ 在什么地方一年有一天极夜或极昼？（　　）
    A.南、北回归线内　　　　　　B.南、北极点内　　　　　　C.南、北极圈内

互动提升答案

❶ C	❷ C	❸ B	❹ D	❺ B	❻ A	❼ 地球公转
❽ C						

第7题解析：由于地球公转，太阳热量在地表的分布状况不同，人们根据地球表面不同地区获得太阳能量的多少，把地球表面划分出5个温度带。

第五章 大气环流

大气环流是地球大气层中具有稳定性的各种气流运行的综合表现。一般是指较大范围内大气运动的长时间平均状态。大气环流构成全球大气运行的基本形势，是全球气候特征和大范围天气形势的原动力。大气环流的主要表现形式有全球规模的东西风带、三圈环流、世界气候带的分布等。

大气环流的存在，使高低纬度之间、海陆之间的热量和水汽得到交换，调整了全球的水热分布，对全球的热量平衡和水量平衡有重要作用，大气环流也是各地天气变化和气候形成的重要因素，因此研究大气环流具有重要意义。

一 单圈环流

假设地球表面是均匀一致的，并且没有地球自转运动，即空气的运动既无摩擦力，又无地转偏向力的作用，那么赤道地区空气受热膨胀上升，极地空气冷却收缩下沉，赤道上空某一高度的气压高于极地上空某一相似高度的气压。在水平气压梯度力的作用下，赤道高空的空气向极地上空流去，赤道上空气柱质量减小，使赤道地面气压降低而形成低气压区，称为赤道低压。极地上空有空气流入，地面气压升高而形成高气压区，称为极地高压。于是在低层就产生了自极地流向赤道的气流，补充了赤道上空流出的空气质量，这样就形成了赤道与极地之间一个闭合的大气环流，这种经圈环流称为单圈环流（图5.1）。

单圈环流是在多个假设前提下推导出来的，但实际上地球表面是凹凸不平的，地球一直发生自转运动，空气的运动会受摩擦力和地转偏向力的影响，因此单圈环流是不存在的。

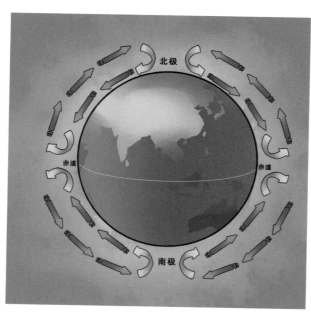

图5.1 单圈环流示意图

❶ 形成大气"单圈环流"的基本因素是（　　）。

A．海陆分布　　　B．地形差异　　　C．地球自转

D．太阳辐射随纬度分布不均匀

二　三圈环流

　　从北半球来看，赤道地区上升的暖空气，在气压梯度力的作用下，由赤道上空向北流向北极上空（即南风）。受地转偏向力的影响，南风逐渐右偏成西南风，在北纬30°附近上空堆积，于是产生下沉气流，致使近地面气压升高，形成副热带高压带。近地面，在气压梯度力的作用下，大气由副热带高压带向南北流出。向南的一支流向赤道低压，在地转偏向力的影响下，由北风逐渐右偏成东北风，称为东北信风。同理，南半球也会形成东南信风，东北信风与南半球的东南信风在赤道附近辐合上升，在赤道与副热带地区之间便形成了低纬环流圈。

　　近地面，从副热带高压向北流的一支气流，在地转偏向力的作用下逐渐右偏成西南风（即盛行西风）。从极地高气压带向南流的气流（北风）在地转偏向力的影响下逐渐向右偏形成东北风（即极地东风）。较暖的盛行西风与寒冷的极地东风在北纬60°附近相撞，在近地面形成暖锋（极锋）。暖而轻的气流爬升到冷而重的气流之上，形成了副极地上升气流。上升气流到高空，又分别流向南北，向南的一支气流在地转偏向力的影响下，由北风逐渐右偏成东北风，在北纬30°附近与来自赤道的高空西南风相撞形成冷锋，加强了副热带高压带高空的下沉气流，进一步升高副热带高压带的气压，于是在副热带地区与副极地地区之间构成中纬度环流圈；向北的一支气流在北极地区下沉，是在副极地地区与极地之间构成了高纬度环流圈。由于副极地上升气流使近地面的气压降低，于是形成了副极地低压带。这就是三圈环流的形成（图5.2）。

　　同理，南半球同样存在着低纬、中纬、高纬3个环流圈。因

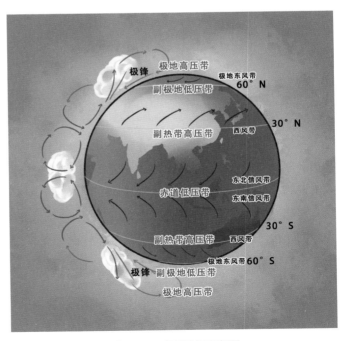

图5.2　三圈环流示意图

此，在近地面，共形成了7个气压带、6个风带：赤道低压带、北半球和南半球的副热带高压带、北半球和南半球副极地低压带、北半球和南半球的极地高压带；北半球的东北信风带、西风带、极地东风带，南半球的东南信风带、西风带、极地东风带。

副热带（亚热带）：是地球上的一种气候地带。副热带一般位于温带靠近热带的地区（大致南、北纬23.5°～40.0°）。副热带的气候特点是其夏季与热带相似，但冬季明显比热带冷。

信风：指的是在低空从副热带高压带吹向赤道低压带的风。信风在赤道两边的低层大气中，北半球吹东北风，南半球吹东南风。信风的方向很少改变，它们年年如此，稳定出现，"很讲信用"。由于信风是向纬度低、气温高的地带吹送，所以没有水汽凝结条件，属性干燥；世界上有些沙漠和半沙漠，多分布在信风带。

帮助记忆

气压带分布规律：高低气压带相间分布，且南北半球对称。
风带分布规律：南北对称分布，但风向不同。

互动提升

❷ 大气环流、三圈环流、大气运动有什么区别？

❸ 在热带海洋特别是热带太平洋上盛行的偏东风称之为（　　），又称贸易风。
　A.季风　　　　　　　B.信风　　　　　　　C.海陆风

三　季风

在很久很久以前，我们的祖先就发现，随季节转换风向也会发生变化。后来，气象上把盛行风向随季节显著变化的风命名为"季风"。盛行风又称最多风向，是指在一个地区某一时段内出现频数最多的风向。如我国东部冬季多西北风，这"西北"就是盛行风向。季风是由于大陆及其邻近海洋之间存在的温度差异而形成大范围盛行的、风向随季节有显著变化的风系，分为冬季风和夏季风（图5.3）。

季风环流是大气环流的重要组成部分。它主要是由于在海陆交界处，海陆热力性质差异引起的。季风环流在亚洲东部、东南部、南部最典型。因为这里位于世界最大的大陆——亚欧大陆东部，世界最大的大洋——太平洋西部，海陆热力性质对比最强烈，所以季风最显著。

海陆热力性质差异是形成季风最重要的原因，但不是唯一的原因，气压带、风带的季节移动也是形成季风的原因之一。

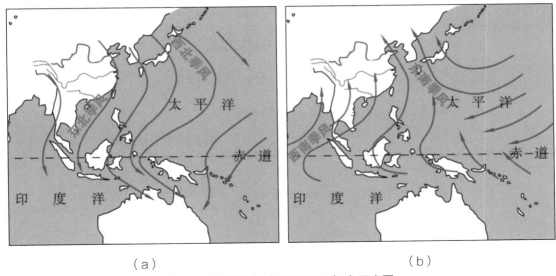

（a）　　　　　　　　　　　　（b）

图5.3　冬季风（a）和夏季风（b）示意图

例如，冬季亚洲受强大的亚洲高压影响，东亚处在高压的东部，吹西北季风；南亚处在高压的南部，吹东北季风。夏季时，赤道低压带北移与印度低压连成一片，南半球的东南信风越过赤道向右偏转为西南季风，影响亚洲南部；亚洲东部受海陆热力性质差异的影响，处在西太平洋高压的西部，吹东南季风。

我们国家所处的东亚地区是世界上最著名的季风区，其季风特征主要表现为存在两支主要的季风环流，即冬季盛行的西北季风和夏季盛行的西南季风。冬季里，西北季风来自亚洲内陆地区，既寒冷，又干燥，所以雨雪十分稀少。夏季里，东南季风来自太平洋上，西南季风来自印度洋和南海海面上，高温又高湿，水汽充足，所以雨水丰沛。这也就是我国北方大部地区夏天炎热多雨，而到了冬天会变得十分干冷的原因。

季风气候是指受季风支配地区的气候，是大陆性气候与海洋性气候的混合型。夏季受来自海洋暖湿气流的影响，高温潮湿多雨，气候具有海洋性。冬季受来自大陆的干冷气流影响，气候寒冷，干燥少雨，气候具有大陆性。

上面介绍了三圈环流、季风环流，那么两者是什么关系？

全球和部分的关系。

三圈环流是全球范围包括南、北半球以及海陆的，季风环流只考虑海陆间局部的；三圈环流是理想模型，只考虑地球各个纬度受热的状况不同和受力影响，没有考虑地形状况和海陆分布，具有普遍性；季风环流考虑的比较细，包括地形和海陆、季节等，具有特殊性。两者都与气压带有关系，三圈环流是气压带形成的，季风环流是海陆热力差异和气压带结合形成的。总之，受众多因素的影响，地球不是理想中的三圈环流，而是形成了有地域差异的气候状况，不能完全用三圈环流的风向判断某地某季节的风向。同理，季风风向也不能作为某地某日的风向，因为某地某日可能还受其他天气系统的影响，各种天气系统的共同作用决定了当日风向。

东亚季风与南亚季风比较

	季风	源地	风向	性质	成因	分布	比较
东亚季风	冬季	蒙古、西伯利亚	西北风	寒冷干燥	海陆热力性质差异	我国东部、日本和朝鲜半岛等地	冬季风强于夏季风
	夏季	副热带太平洋	东南风	温暖湿润			
南亚季风	冬季	蒙古、西伯利亚	东北风	低温干燥	海陆热力性质差异和气压带、风带季节移动	印度半岛、中南半岛和我国西南等地	夏季风强于冬季风
	夏季	赤道附近的印度洋	西南风	温暖湿润			

互动提升

❹ 郑和下西洋是利用了（　　）完成航行任务的。

　　A.季风　　　　　　　B.台风　　　　　　　C.海陆风

❺ 大范围盛行风向随季节有显著变化的风系称为（　　）。

　　A.海洋风　　　　　　B.飓风　　　　　　　C.季风

❻ 季风在冬季是由（　　）。

　　A.海洋吹向大陆　　　　　B.大陆吹向海洋　　　　　C.南方吹向北方

四　东风带和西风带

　　前面已介绍三圈环流在近地面共形成了7个气压带、6个风带，其中6个风带分别是：北半球的东北信风带、西风带、极地东风带，南半球的东南信风带、西风带、极地东风带（图5.2）。

　　西风带，又称"暴风圈""盛行西风带"。它位于南北半球的中纬度地区，副热带高气压带与副极地低气压带之间，是赤道上空受热上升的热空气与极地上空的冷空气交汇的地带，极易形成温带气旋，且常常是一个气旋未完，另一个气旋已经生成。其大约位于南、北半球35°～65°的区域，该区域的空气运动主要是自西向东，在对流层中上部和平流层下部尤其如此。在其控制地区，西风一般比较强劲、持久，海洋上风浪较大，陆地迎风坡地带温和多雨。北纬40°～60°的大陆西岸地区，全年盛行西风，受海洋暖湿气流的影响，年降水量一般在700~1000毫米，终年湿润，气温年变化较小，冬季不冷，夏季不热，形成温带海洋性气候。

欧洲大西洋、美洲太平洋沿岸等地区都属于这种气候。

东风带，是指自极地高压辐散的气流，在地球自转偏向力及地球形状的作用下，形成偏东风。北半球为东北风，南半球为东南风，所以又叫作"极地东风带"，它向低纬度源源不断地输送干冷空气。受其影响地区主要表现为寒潮、极地气候。

互动提升

❼ 下图中能正确表示北半球盛行西风带的是（　　）。

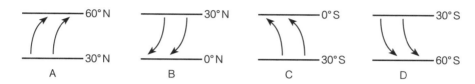

❽ 南半球西风带的风向是（　　）。

 A.东北风   B.东南风   C.西北风   D.西南风

五 青藏高原对东亚环流的影响

地形是影响气候的主要因素之一。被称为"世界屋脊"的青藏高原，雄踞在亚洲的中部，位于我国的西南部。它南起27°N，北止40°N，纵跨纬度13°；总面积约230万平方千米；平均海拔4500米。地域之广阔，地势之高峻，拥有世界上其他高原所无法比拟的雄姿。青藏高原具有独特的高原气候，而且由于它的存在，对气流产生动力作用和热力作用，改变了东亚大气环流格局，尤其对中国气候产生了重要影响（图5.4）。

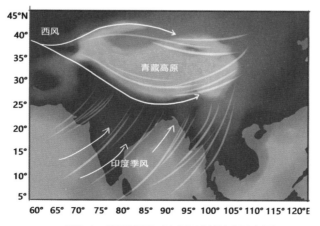

图5.4 青藏高原对东亚环流影响示意图

1. 青藏高原的动力作用

（1）对西风的分支作用

首先，在冬季，北半球的西风带南移。由于高大的青藏高原的存在，使三四千米以下的西风气流分成南北两支气流。

北支气流在高原西北面，为西南气流，绕过新疆北部转为西北气流，进一步加强冬季风的势力；高原北侧成脊，盛行下沉气流，进一步强化西北地区的干旱化。

南支气流在高原的西南部形成西北气流，使本来就很干燥的南亚西北部雪上加霜，更加干燥（形成热带沙漠气候）。当这股气流绕过高原南侧以后，转为西南气流，掠过我国云贵高原，继续向东北方向运动，直至长江中下游地区，高原南侧成槽。这股来自低纬度的暖性气流又往往是造成我国江南地区"暖冬"天气的重要因素。

这两支气流在长江中下游地区汇合东流，形成北半球最强大的西风带。这支西风对我国东部地区的天气变化起着重要的作用。

与此同时，位于我国青藏高原东侧的四川盆地和汉中一带，恰在这南北两支气流之间，风力微弱，空气稳定，成为"死水区"，多云雾天气。

在夏季，北半球的西风带北移，西风南支气流消失，夏季风迅速向北推进，气旋活动频繁，我国东部季风区自南向北先后进入雨季。到了10月以后，西风又逐渐南移，南支西风气流又重新出现，夏季风复退，冬季风又控制了我国东部地区。综上所述，如果没有青藏高原的阻挡，我国大部分地区均能受到盛行西风带的影响，如是那样，我国的气候将会是另一番景象。

（2）屏障作用

由于青藏高原的屏障作用，它直接阻挡了我国西部地区对流层下部南北冷暖气流的交流。

冬季，冬季风阻滞于高原以北，使我国西北内陆冷高压势力更强，并使冷空气南下的途径偏东；使位于高原南面的印度比其东西同纬度地区气温高而气压低，气温年较差小。

夏季，青藏高原阻挡了西南季风深入北上，使大量的来自印度洋热带洋面上的暖湿气流只能大部停留在南亚的东北部和青藏高原的东南一隅；一部分掠过高原东南边缘的西南暖湿气流进入我国的西南、华中和华东地区，加强了这些地区的降水过程，而我国西北地区则由于青藏高原的屏障作用干旱少雨。

2.青藏高原的热力作用

冬季，巨大的高原，因地势高，冰雪面积大，空气稀薄，辐射冷却快，降温迅速，成为一个低温高压中心。此中心一方面使高原南侧的西风南支气流得到加强；另一方面，这个低温高压中心又迭加在蒙古高压之上，更加强了冬季风的势力，使我国东部南北温差增大。

夏季，青藏高原上为一热低压。这个热低压又强烈吸引着来自南亚地区的西南暖湿气流，使西南季风的势力加强，给江南北部、江淮地区送去大量的降水。

综上所述，青藏高原对大气环流的动力作用主要是迫使气流绕行和爬坡。青藏高原的热力作用主要是夏季起热源作用和冬季起热汇作用。青藏高原的隆起，使我国南方地区更加湿润，西北内陆更加干旱。

⑨ 青藏高原把西风环流分为（   ）两支,使其范围扩大。

    A.东和西　　　　　　B.南和北　　　　　　C.东北和西北　　　　　　D.东南和西南

⑩ 地球上的"第三极"指（   ）。

    A.北极　　　　　　　B.南极　　　　　　　C.珠穆朗玛峰　　　　　　D.云贵高原

互动提升答案

❶ D	❷	大气运动包括大气环流，大气环流包括三圈环流。三圈环流是为了简化研究，地理学中假设大气均匀地在地表运动，将大气运动分为三圈环流（指一个半球），即低纬环流、中纬环流和高纬环流。						
❸ B	❹ A	❺ C	❻ B	❼ A	❽ C	❾ B	❿ C

第六章 世界气候

一 气候型

　　从世界气候分布图上，我们会发现，地球上很多地区的气候是相类似的，虽然两个地区不连续，不在一个地方，但是气候却是相似的，在相似的条件下可以产生相似的气候（图6.1）。比如地中海式气候，反映了特有条件下形成的特性，即我们所说的副热带夏干气候，但这种气候不仅出现在地中海地区，也出现在与地中海相类似条件的其他地区，所以地中海气候在北半球有，在南半球也有，在欧洲大陆有，在美洲大陆也有。这许多地区的气候本质属性基本相似，不是相同，我们把这些相似的气候归为一个类型，叫同一气候型。在地球上，比气候带次一级的气候单位是气候型。气候型是由于自然地理环境差异引起的，在地球上不呈带状分布，

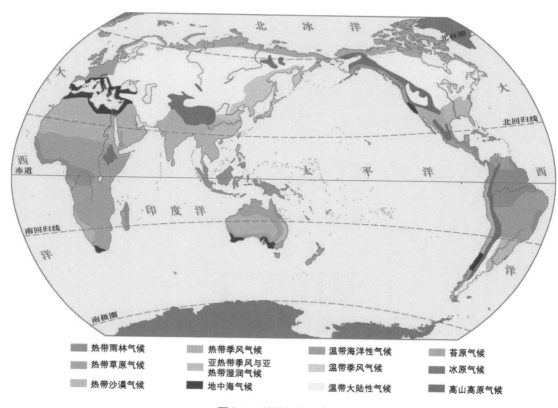

热带雨林气候	热带季风气候	温带海洋性气候	苔原气候
热带草原气候	亚热带季风与亚热带湿润气候	温带季风气候	冰原气候
热带沙漠气候	地中海气候	温带大陆性气候	高山高原气候

图6.1　世界气候分布图

也就是说，气候带是连续的，而气候型是不连续的。在一个气候带内，根据气候的各种特征差异，可以划分出几种气候型，同样的气候型也可以分布在不同的气候带内。例如，海洋性气候就有温带海洋性气候和热带海洋性气候。沙漠气候也分布在热带、副热带和温带。

（一）气候成因的影响因素

气候成因的影响因素有：纬度，海陆位置，气压带、风带和气团，洋流，地形五类。

1. 纬度

纬度决定了热量带。

2. 海陆位置

海陆分布改变了气温和降水的地带性分布。由于海洋和陆地的物理性质不同，在强烈阳光的照射下，海洋增温慢，陆地增温快；阳光减弱以后，海洋降温慢而陆地降温快。温带地区、沿海地区降水较多，内陆地区降水较少。在相同的纬度，处于同一气压带或风带控制之下的地区，由于所处的海陆位置不同，形成的气候特征也不同。

3. 气压带、风带和气团

（1）气压带

赤道低气压带：盛行上升气流，高温多雨。

副热带高气压带：盛行下沉气流，炎热干燥。

副极地低气压带：盛行上升气流，寒冷湿润。

极地高气压带：盛行下沉气流，寒冷干燥。

（2）风带

信风带：一般是温暖干燥，但如果是从海洋吹向陆地，则变性为温暖湿润。

西风带：温和多雨，温暖湿润。

极地东风带：寒冷干燥。

（3）气团

海洋气团和大陆气团等，具体气团对气候的影响各不相同。

4. 洋流

暖流：增温增湿。

寒流：减温减湿。

5. 地形

地形轮廓、山脉走向、地势高低等对气候都有一定的影响。

（二）常见的几种气候型及其特点

气候型的划分，通常是采用气温、降水量和其他要素的平均值及年变化特征作为指标。

1. 海洋气候型和大陆气候型

海洋气候型的气候特点是：温度变化缓和，昼夜温差较小，冬季无严寒，夏季无酷暑，最高、最低温度出现时间均较迟，北半球最热月在8月、最冷月在2月；降水充沛，季节分配均匀，年际间变化小，湿度大，云雾多，日照少，风速较大。

大陆气候型的气候特点是：冬季寒冷，夏季炎热，昼夜温差较大，最高、最低气温出现时间早，北半球最热在7月、最冷在1月；降水稀少，多集中在夏季，降水季节的分配不均匀，气候干燥，湿度小，云雾少，日照丰富。

2.季风气候型和地中海气候型

季风气候型的气候特点是：一年内冬季和夏季之间盛行风向、云雨量和天气系统等都随季节发生明显变化。冬季，风从大陆吹向海洋，受大陆性气团影响大，降水稀少，气候寒冷而干燥；夏季，风从海洋吹向大陆，受海洋性气团影响大，降水充沛，气候炎热而潮湿。因此，"雨热同期"。

地中海气候型的气候特点是：夏季，主要受大陆性气团的影响，在副热带高压的控制下，气流下沉，干旱少雨，炎热干燥；冬季，主要受海洋性气团的影响，副热带高压南移，西风带气旋活动频繁，降水丰富，气候温和湿润。因此，"雨热不同期"。

3.高山气候型和高原气候型

高山气候型的气候特点是：温度变化缓和，降水多，湿度大，具有海洋性。

高原气候型的气候特点是：温度变化激烈，降水少，较为干燥，具有大陆性。

4.草原气候型和沙漠气候型

草原气候型可分为热带草原气候和温带草原气候。热带草原气候夏热多雨，冬暖干燥，干湿季节分明；温带草原气候冬寒夏暖。

沙漠气候型的气候特点是：空气干燥，蒸发极盛，降水稀少；白天太阳辐射和夜间地面有效辐射很强；气温日较差和年较差都很大。

（三）气候类型的判读

根据气温高低和降水多少来判定其具体的气候类型（图6.2），可总结为"以温定带，以水定型"。即依据1月平均气温（指北半球）判断所属温度带、依据年降水量确定具体气候类型。

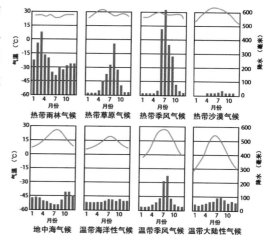

图6.2 各种气候类型

1.根据气温

（1）1月平均气温＞15 ℃，则可推断为热带气候。

（2）1月平均气温在0～15 ℃，则可推断为亚热带气候或温带海洋性气候。

（3）1月平均气温＜0 ℃，则为温带气候或寒带气候。

2.依据年降水量

（1）热带的4种气候类型，因气温均在15 ℃以上，主要区别于降水。

热带雨林气候：各月降水几乎都在100毫米以上，最小月都在50毫米以上，年降水量在2000毫米以上。

热带沙漠气候：各月降水量都稀少或没有，年降水量（一般）在125毫米以下。

热带草原气候和热带季风气候：这两种气候都是夏季降水多，冬季降水少，主要区别于降水的月份分配。热带草原气候月降水量达到或超过200毫米的月份数少于3个月，年总降水量在750~1000毫米。热带季风气候月降水量达到或超过200毫米的月份数大于3个月，年总降水量在1500~2000毫米。

（2）亚热带季风气候、地中海气候、温带海洋性气候3种，1月平均气温都在0~15 ℃，降水量的主要区别如下：

亚热带季风气候（夏雨型）：夏季降水多、冬季降水少，年降水量在800~1600毫米。

地中海气候（冬雨型）：冬季降水多，夏季降水少，年降水量在300~1000毫米。

温带海洋性气候：各月降水较均匀，气温年较差也较小，年降水量在700~1000毫米。

（3）温带大陆性气候，温带季风气候的降水量都是夏季多，冬季少。主要区别是月降水量≥100毫米的月份数。

温带大陆性气候：月降水量≥100毫米的月份数<2个月，年总降水量在200毫米左右。

温带季风气候：月降水量≥100毫米的月份数≥2个月，年总降水量在500~1000毫米。

互动提升

❶ 夏季高温与少雨相结合，冬季寒冷与潮湿相结合，这种气候型属于（　　）气候型。

A.草原　　　　　B.地中海　　　　　C.季风　　　　　D.高山

❷ 与大陆气候特点完全相反的气候型是（　　）。

A.海洋气候　　　B.季风气候　　　C.地中海气候　　　D.热带气候

二　世界降水分布

世界降水分布有如下规律（图6.3）：

（1）受纬度因素的影响，赤道地区降水多，两极地区降水少。

原因：赤道地区太阳辐射强烈，多对流雨；两极地区冷，空气下沉，降水少。

（2）受海陆因素的影响，中纬度沿海地区降水多，内陆地区降水少。

原因：沿海迎风地区，受海洋影响大，降水多；内陆地区距海洋远，降水少。

（3）受季风的影响，风从海洋吹向陆地的，降水多；从内陆吹向海洋的，降水少。

原因：季风环流主要影响大陆东岸，夏季风从海洋吹来，带来大量水汽，故夏季降水多；冬季反之，降水少。

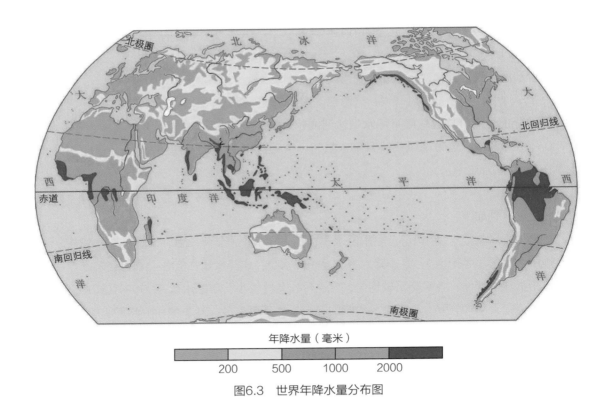

年降水量（毫米）

200   500   1000   2000

图6.3 世界年降水量分布图

（4）回归线穿过的大陆内部和西部降水少，东岸降水多。

原因：回归线穿过的大陆内部和西部降水少主要是受副热带高气压控制造成的。

（5）受地形的影响，山地迎风坡降水多，背风坡降水少。

原因：回看第二章地形雨知识点。

💡 帮助记忆

地区	降水量多少	原因	影响因素
赤道地区	降水多	终年气温高，气流上升冷却，容易成云致雨	纬度位置
两极地区	降水少	终年气温低，气流下沉增强，不易成云致雨	
南北回归线附近	东岸降水多	夏季风来自海洋	海陆位置
	西岸降水少	受副热带高气压带控制，气流下沉，不易成云致雨	
中纬度地区	沿海降水多	受海洋来的湿润气流影响大	
	内陆降水少	距海远，海洋上的湿润气流难以到达	
山地	迎风坡降水多	迎风坡气流被迫抬升，遇冷凝结，成云致雨	地形
	背风坡降水少	背风坡气流下沉增温，不易成云致雨	

三 世界气温分布

影响气温高低的因素有纬度因素、海陆因素、地形因素等。

从纬度位置看：从低纬度向两极气温逐渐降低。太阳辐射是地面热量的根本来源，并由低纬向高纬递减。但受大气运动、地面状况等因素的影响，等温线并不完全与纬线平行（图6.4）。南半球物理性质比较均一的海洋比北半球广阔，因此，南半球的等温线比北半球平直，气温变化和缓。

从海陆位置看：同纬度的海洋和陆地气温并不一样，夏季陆地气温高，冬季海洋气温高，原因请回看第二章海陆风知识点。因此，北半球1月份大陆等温线向南（低纬）凸出，海洋上则向北（高纬）凸出；7月份正好相反。

从海拔高度看：地势越高气温越低，海拔每升高100米气温下降0.65 ℃。诗句"人间四月芳菲尽,山寺桃花始盛开"生动地反映了气温垂直分布的特点。

7月份，世界最热的地方是20°~30°N大陆上的沙漠地区，撒哈拉沙漠是全球炎热中心；1月份，西伯利亚是北半球的寒冷中心。世界极端最低气温出现在冰雪覆盖的南极洲大陆上。

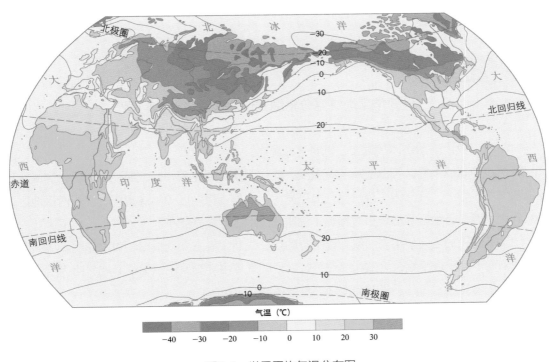

图6.4 世界平均气温分布图

世界气温水平分布规律

	等温线特征	气温分布规律	主要影响因素
全球	等温线大致与纬线平行	无论7月或1月气温都是从低纬向两极递减	太阳辐射
北半球	等温线较曲折。1月大陆上的等温线向南（低纬）凸出，海洋上则向北（高纬）凸出。7月正好相反	在同一纬度上，冬季大陆比海洋冷，夏季大陆比海洋热	海陆分布，海陆热力性质差异
南半球	等温线较平直	同一纬度气温差别小	海洋分布（海洋面积广大）

撒哈拉沙漠是全球的炎热中心，极端最低气温出现在南极洲大陆上，北半球寒冷中心在西伯利亚。

分析实践

世界年平均气温分布图判读应该注意什么问题？

（1）看读数，当然是读数越大，说明气温越高。

（2）和等高线一样，等温线属于等值线，同样需要根据疏密判断气温差别情况，等温线稀疏说明气温差异小，等温线密集说明气温差异大。比如南极地区等温线密集，说明南极地区气温差异大，而北极地区等温线相对稀疏，说明北极地区气温差异小。

（3）等温线的走向如果与纬线大致平行的话，说明气温主要受太阳辐射的影响。比如，南半球的0 ℃等温线很平直，大致和纬线平行，说明气温主要受太阳辐射的影响，因为这条等温线基本上从海洋通过，几乎没有受海陆、地势影响。

（4）注意两条等温线，一条是20 ℃等温线大致和南北回归线吻合；另一条是-10 ℃等温线，大致和极圈吻合。

（5）如果等温线出现了闭合状态，说明出现了高温或者低温中心。气温比周围高的是高温中心，低的是低温中心。

（6）要知道气温变化基本规律：气温从赤道向两极递减；同纬度的海洋和陆地气温不同；同纬度地区，地势高的气温低。

❸ 世界年平均气温的分布规律是（　　）。

　　A.低纬度气温低，高纬度气温高　　　　B.低纬度气温高，高纬度气温低

　　C.从北向南逐渐降低　　　　　　　　　D.从北向南逐渐升高

❹ 世界上最冷的地方在（　　）。

　　A.北极　　　　　　　B.南极洲　　　　　　C.珠穆朗玛峰

四　气候资源

（一）定义

气候资源通常指光、热、水、风、大气成分等，作为人类生产、生活必不可少的主要自然资源，可被人类直接或间接地利用，或在一定的技术和经济条件下为人类提供物质及能量。气候资源具有普遍性、清洁性和可再生性，已被广泛应用于国计民生的各个方面，在人类可持续发展中占据重要地位和作用。气候资源是我国的十大自然资源之一。

（二）分类

根据一定的气候特征、特点以及相联系的专业内容，将气候资源分为若干类别。气候资源除自身特性外，还与社会、经济有密切联系，因此根据不同的内容和要求有不同的分类。

按气候资源的组成划分：有光资源、热量资源、水分资源和大气资源等。这些资源构成气候资源的总体，而每一项资源功能又是独立的。

按气候分类划分：有热带气候资源、亚热带气候资源、温带气候资源、寒带气候资源、干旱半干旱区气候资源、山地气候资源和海洋气候资源等。这些类型的气候资源各有不同的自然条件和生产内容。

按气候资源与社会、经济联系的专业划分：有农业气候资源、林业气候资源、畜牧气候资源、水产气候资源、旅游气候资源、建筑气候资源和医疗气候资源等。这些气候资源有着不同的社会、经济意义。

（三）特点

气候是由光照、温度、湿度、降水、风等要素有机组成的。其资源的多少，不但取决于各要素值的大小及其相互配合的情况，而且还取决于不同的服务对象以及和其他自然条件的配合情况。例如，对农作物而言，温度在一定条件下是资源，过高可能成热害，过低可能成冷害或冻害；降水在一定范围内是资源，过多可能成涝灾，过少可能成旱灾。干旱区光、热资源虽然很丰富，但水资源短缺，限制了光、热资源的充分利用，使其价值大为降低。积雪覆盖保护某

些作物的安全越冬，是有益的；但使牛羊吃草困难，又属于有"害"了。

气候有时间变化。这种变化，有的具有周期性，有的周期性不明显。例如，气温的昼夜变化、季节变化是周期性的，但某一天或某一季的天气，却不是年年如此的。因此，气候资源的利用，必须因时制宜，如栽种作物要掌握时机。

气候有地区差异。一方面，世界上任何一个地方，都有其独特的气候，和其他地方的气候不可能完全相同。因此，气候资源的利用还必须因地制宜。

气候资源是一种可再生资源。气候资源归根到底来自太阳辐射，如果利用合理，保护得当，可以反复、永久地利用。

气候是人力可以影响的。由于气候条件与其他自然条件密切相关，人类在生产和生活活动中，在改造自然的过程中，常常自觉或不自觉地改变了气候条件。例如，种草种树、蓄水灌溉等可以使气候变好；而毁林毁草、排干湖沼等则可以使气候变坏。都市化和工业化污染大气，使降水酸度增大、气温升高，可能导致气候产生长远的、大规模的、对人类生存有巨大影响的变化，因此要重视环境保护。

 互动提升

❺ 气候资源是指广泛存在在（　　）中的光能、热能、降水、风能等。

　A.岩石圈　　　　　　B.大气圈　　　　　　C.水圈

❻ 建房或买房时，在利用气候资源方面主要考虑的是（　　）。

　A.日光和降水　　　　　　B.降水和风向　　　　　　C.日光和风向

互动提升答案

❶ B	❷ A	❸ B	❹ B	❺ B	❻ C		

第七章 中国气候

一 中国气候特点

（一）气候概况

我国位于亚欧大陆东部、太平洋西岸，幅员辽阔，地形复杂，气候独具特征。

季风气候明显。 季风气候，是指受季风支配地区的气候，是大陆性气候与海洋性气候的混合型。冬夏盛行风向有显著的变化，随季风的进退，降水有明显的季节性变化。冬季盛行从大陆吹向海洋的偏北风，夏季盛行从海洋吹向陆地的偏南风。冬季风产生于亚洲内陆，性质寒冷、干燥，在其影响下，中国大部分地区冬季普遍降水少、气温低，北方更为突出。夏季风来自东南面的太平洋和西南面的印度洋，性质温暖、湿润，在其影响下，降水普遍增多。

大陆气候很强。 我国冬、夏两季的平均气温与同纬度其他国家或地区有较大差异，冬季气温低于同纬度地区，夏季气温高于同纬度地区，气温年较差大。

气候类型复杂多样。 我国不仅地处温带、亚热带、热带各种气候带，而且由于地形崎岖，往往在不同范围内形成不同尺度的气候差异。我国纵跨纬度近50°，从北到南，包括寒温带、中温带、暖温带、亚热带、热带等温度带和一个特殊的青藏高寒区（图7.1）。水分条件（干湿状况）从东南向西北依次出现湿润、亚湿润、亚干旱和干旱四种不同的干湿地区。不同的温度带和干湿地区相互交织。

由于地理环境的巨大差异，如距海远近、地形高低、山脉屏障及走向等，又可分为高山气候、高原气候、盆地气候、森林气候、草原气候和荒漠气候等多种气候类型。我国山多而高，气候的垂直分异更增加了气候类型的复杂多样性。

水热同期。 在高温季节，农作物生长旺盛，需要大量水分，而夏季正是我国降水最多、最集中的季节，高温期与多雨期一致，水热搭配好，对农作物的生长十分有利。

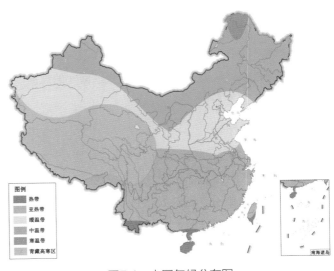

图7.1　中国气候分布图

图例
热带
亚热带
暖温带
中温带
寒温带
青藏高寒区

南海诸岛

（二）气候类型

我国是世界上气候类型最多的国家之一。在气候学上，把我国境内受到夏风影响明显的地区称做季风区；而把受到夏季风影响不明显的地区，称做非季风区。具体的界限大概以我国著名的山脉大兴安岭—阴山—贺兰山—巴颜喀拉山—冈底斯山为界。我国东半部有大范围的季风气候，自南向北有热带季风气候、亚热带季风气候、温带季风气候；西北地区大多为温带大陆性气候；青藏高原区是独特的高原山地气候，西部高山地区表现出明显的垂直气候特征。

热带季风气候：全年高温，分旱、雨两季。大致分布在我国北回归线以南，即包括台湾省的南部、雷州半岛、海南岛和西双版纳等地。

亚热带季风气候：夏季高温多雨，冬季温和多雨。大致分布在我国北回归线以北的湿润区，就是北回归线与秦岭淮河一线之间，即华南大部分地区和华东地区属于此种类型的气候。与纬线大致平行的南岭的南北坡冬季气温有着显著的差异，使得南岭以南可以发展某些热带作物，具有热带性环境，而南岭以北热带作物不能越冬，具有亚热带环境。

温带季风气候：夏季短促，温暖湿润，冬季漫长，寒冷干燥。大致分布在我国秦岭淮河以北，山西以东，即我国华北地区属于此种类型的气候。

温带大陆性气候：冬季寒冷，夏季炎热，全年少雨，气温年较差大。大致分布在我国新疆、甘肃、宁夏、陕西、内蒙古部分地区，即我国大部分40°N以北的内陆地区都是温带大陆性气候。"春风不度玉门关"就是这种气候特征的表现。

高原山地气候：全年低温，降水稀少，集中在5—9月。大致分布在我国地势第一级阶梯，我国青藏高原属于此种类型的气候。

（三）气温特征

1月（代表冬季）0℃等温线大致分布于淮河—秦岭—青藏高原东南边缘。气温总体为自南向北降低，南北气温差别很大。而7月（代表夏季）除青藏高原及个别地区外，全国普遍高温，南北温差不大。

冬季太阳直射南半球，我国各地获得太阳光热较少，而且越往北越少，气温普遍较低；冬季来自蒙古、西伯利亚一带的冷空气对我国北方影响较大，冷空气在南下途中受山岭阻隔，对南方的影响较小，从而进一步加大了我国南北的温差。而夏季，南北方获得的太阳光热差别不大，因此南北温差不大。

（四）降水特征

我国位于亚欧大陆的东部，面临世界最大的大洋——太平洋，海陆热力差异在全球最为显著，因而季风气候在全球也最为显著，我国东部季风区降水与夏季风的进退及夏季风的强弱有很大关系。正常年份，随着太阳直射点的北移，暖气团势力的逐步增强，夏季风开始登陆我国的南方，与仍主宰我国大陆的冷气团交锋，形成锋面，我国的雨季开始。大致4月，雨季在我国的华南地区；随着暖气团势力的进一步增强，6月份，冷暖气团在江淮地区相持约一个月时间，形成梅雨天气；7月、8月锋面雨带推移到华北、东北地区；9月份，锋面雨带南撤；10

月份，夏季风完全退出我国大陆，雨季结束（图7.2）。由锋面雨带的推移规律可见，雨带北进慢，南撤快。

从锋面类型看，4月份在我国华南的锋面雨、6月份在江淮地区的梅雨锋都属于准静止锋，在我国华北地区的锋面一般属于冷锋。9月份，锋面雨带南撤，此时的锋面大都是冷锋。

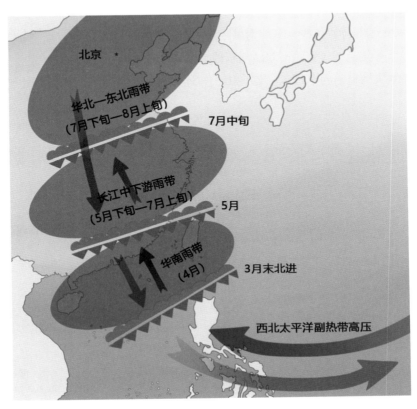

图7.2　中国东部锋面雨带推移规律

我国东部季风区降水与夏季风的进退及强弱有很大关系。当夏季风强的年份，锋面雨带北移速度快，导致雨带过早长期停留在北方，形成了我国东部的南旱北涝的局面；反之，形成我国东部的北旱南涝的局面。

我国南方地区由于雨季来得早、退得晚，因而雨季长、雨量大，而北方雨季来得晚、退得早，因而雨季短、雨量小。所以愈向北方，降水的夏季集中程度愈大。反映在河流上，我国南方河流的水文特征具有汛期长、流量大的特点。

总之，我国降水的空间分布规律是由东南沿海向西北内陆地区减少；时间分布规律是夏秋多，冬春少，年际变化大。有几个特征：

（1）年降水量超过1600毫米的地区大多在东南沿海地区。

（2）800毫米等降水量线通过淮河—秦岭—青藏高原东南边缘（半湿润—湿润）。它与我国1月0℃等温线大体是一致的。

（3）400毫米等降水量线大致通过大兴安岭—张家口市—兰州市—拉萨市—喜马拉雅山脉

东南端（半干旱—半湿润）。

（4）年降水量200毫米以下的地区大多在西北内陆地区，即阴山—贺兰山—祁连山—巴颜喀拉山—冈底斯山一线（干旱—半干旱）。其中，塔里木盆地年降水量少于50毫米。

根据地形与气候这两个自然要素，我国地理划分为三大自然区，分别为东部季风区、西北干旱半干旱区、青藏高寒区。划分界线为：

（1）400毫米等降水量线（东部季风区与西北干旱半干旱区分界线）。

（2）3000米等高线（青藏高寒区与东部季风区分界线）。

（3）大体从昆仑山向东经过阿尔金山、祁连山一线（青藏高寒区与西北干旱半干旱区分界线）。

 帮助记忆

三大自然区差异归纳

	东部季风区	西北干旱半干旱区	青藏高寒区
地形	海拔较低，平原广阔	海拔较高，多山地、高原、盆地	海拔最高，高原为主
气候	季风气候，夏季高温多雨，冬季大部分地区寒冷干燥	温带大陆性气候，气温年较差大，终年降水少	高原气候，气温低，空气稀薄，太阳辐射强
成因	受季风影响	深居大陆内部	海拔高
水文	多外流河，以雨水补给为主，夏秋为汛期，冬春为枯水期	多内流河，以冰雪融水补给为主，流量小，夏季汛期，冬季断流（季节性河流）	西北部为内流区，东南部为外流区，多大江大河发源地
农业	北方旱地农业，主要粮食作物为小麦；南方水田农业，主要粮食作物为水稻	灌溉农业、草原牧业、山地牧业	高原畜牧业、河谷农业

 互动提升

❶ 新疆的瓜果为什么特别甜？（　　）

A.云量多，光照弱，利于作物的光合作用

B.昼夜温差大，营养物质消耗少，糖分积累多

C.晴天多，云量少，温差不大，有利于植物生长

❷ 雨热同季典型的地区是指我国的（　　）。

　　A.东北地区　　　　　B.长江中下游　　　　C.西北地区

❸ 我国西北地区气候干旱的主要原因是（　　）。

　　A.距海较远　　　　B.纬度较高　　　　C.海拔较高　　　　D.温度较高

❹ 造成我国气候南北差异的主要因素是（　　）。

　　A.纬度位置　　　　B.海陆位置　　　　C.地形　　　　D.季风

二　广东气候特点

　　广东省属于东亚季风区，从北向南分别为中亚热带、南亚热带和热带气候，是中国光、热和水资源最丰富的地区之一。全省平均年总日照时数为1746.6小时，从北向南年总日照时数由不足1300小时增加到2100小时以上；年太阳总辐射量在4200～5400兆焦耳/米^2。全省平均年平均气温为22.1 ℃，各地介于19.2～24.1 ℃；各地1月平均气温为9.3～17.2 ℃，7月平均气温为26.9～29.5 ℃。

　　广东降水充沛，各地年平均降水量在1361～2553毫米，全省平均降水量为1799.2毫米。降水的空间分布基本上也呈南高北低的趋势。受地形的影响，在有利于水汽抬升形成降水的山地迎风坡有海丰、恩平和佛冈3个多雨中心，年平均降水量均大于2100毫米；在背风坡的罗定盆地、兴梅盆地和沿海的雷州半岛、潮汕平原少雨区，年平均降水量小于1500毫米。降水的年内分配不均，4—9月的汛期降水占全年的80%以上；年际变化也较大，多雨年降水量为少雨年的2倍以上。

　　在广东，洪涝和干旱灾害经常发生，台风的影响也较为频繁。春季的低温阴雨、秋季的寒露风和秋末至春初的寒潮和霜冻，也是广东多发的灾害性天气。

互动提升

❺ 每年的7—9月是广东的后汛期，此时期一般以（　　）降水为主。

　　A.锋面　　　　　B.台风　　　　　C.季风

❻ 广东的气候类型是（　　）。

　　A.热带雨林气候　　B.热带季风气候　　C.温带季风气候　　D.亚热带季风气候

　　广州南面濒临南海，北回归线从北部穿过，属海洋性亚热带季风气候，以温暖多雨、光热充足、夏季长、霜期短为特征。多年平均气温为22.4 ℃，是中国年平均温差最小的大城市之一。一年中最热的月份是7月，月平均气温达28.9 ℃。最冷月为1月份，月平均气温为13.8℃（图7.3）。全市平均相对湿度77%，年降水量为1923毫米。全年中，4—9月为汛期，7—9月天气炎热，多台风，3月、10月和11月气温适中，12月至次年2月为阴凉的冬季。全年水热同期，雨量充沛，利于植物生长，为四季常绿、花团锦簇的"花城"（图7.4）。

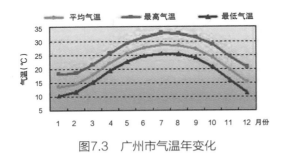

图7.3　广州市气温年变化

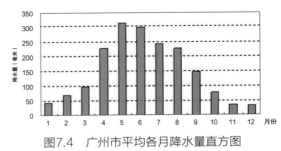

图7.4　广州市平均各月降水量直方图

互动提升

❼ 广州市气候类型应属于（　　）。

A.热带季风气候　　　　　　　　　B.亚热带季风气候

C.温带季风气候　　　　　　　　　D.温带大陆性气候

❽ 夏天广州主要吹（　　）。

A.偏北风　　　　　　B.偏西风　　　　　　C.偏南风

❾ 每年的（　　）是广州受台风影响的集中期。

A. 4—6月　　　　　　B.5—7月　　　　　　C.7—9月

四　独特气候现象

（一）回南天

　　回南天是南方沿海地区一种独特的天气，指每年春天气温开始回暖而湿度猛烈回升造成的一种天气"反潮"现象。

华南属于典型的海洋性亚热带季风气候，当每年3—4月时，从中国南海吹来的暖湿气流，与从中国北方南下的冷空气相遇，在岭南形成准静止锋，使华南地区的天气阴晴不定、非常潮湿，期间有小雨或大雾，一些冰冷的物体表面遇到暖湿气流后，就开始在物体表面凝结、起水珠，出现湿漉漉的景象，回南天现象由此产生。

（二）梅雨

中国长江中下游地区、台湾地区、日本中南部以及韩国南部等地，每年6月、7月都会出现持续天阴有雨的气候现象，由于正是江南梅子的成熟期，故称其为"梅雨"，此时段便被称作"梅雨季节"。

西太平洋副热带高压*有一次明显的西伸北跳过程，500百帕副高脊线稳定在20°~25° N，暖湿气流从副高边缘输送到江淮流域。在这种环流条件下，梅雨锋徘徊于江淮流域，并常常伴有西南涡和切变线，在梅雨锋上中尺度系统活跃，不仅维持了梅雨期连续性降水，而且为暴雨提供了充沛的水汽。

（三）巴山夜雨

"巴山夜雨"其实是泛指我国西南山地（包括四川盆地地区）多夜雨的现象。这些地方的夜雨量一般都占全年降水量的60%以上。例如，重庆、峨眉山分别占61%、67%。我国其他地方也有多夜雨的，但夜雨次数、夜雨量及影响范围都不如大巴山和四川盆地。

巴山夜雨形成有以下两个原因：其一是西南山地潮湿多云。夜间，密云蔽空，云层和地面之间，进行着多次的吸收、辐射，再吸收、再辐射的热量交换过程，因此云层对地面有保暖作用，也使得夜间云层下部的温度不至于降得过低；夜间，在云层的上部，由于云体本身的辐射散热作用，使云层上部温度偏低。这样，在云层的上部和下部之间便形成了温差，大气层结构趋向不稳定，偏暖湿的空气上升形成降雨。其二是西南山地多准静止锋。云贵高原对南下的冷空气，有明显的阻碍作用，因而我国西南山地在冬半年常常受到准静止锋的影响。在准静止锋滞留期间，锋面降水出现在夜间和清晨的次数占相当大的比重，相应地增加了西南山地的夜雨率。

（四）雾都重庆

重庆位于长江以及嘉陵江的汇合处，水汽来源相当充沛，空气也相当潮湿，相对湿度高达80%以上。重庆位于四川盆地的东南缘，周围有高山屏峙，而且地面也崎岖不平，风速十分小，风力微弱，静风频率相当大。白天，地面温度相当高，蒸发作用不断加强，从而使空气中容纳了许多的水汽；夜间，尤其是秋季和冬季的晴朗微风之夜，夜间相当长，而且地面的辐射冷却十分明显。与此同时，盆地边缘山地的冷空气会沿着山坡下沉，从而使近地面的空气降温十分剧烈，最终导致空气中能够容纳水汽的能力不断降低，而多余的水汽就会凝结而形成雾。所以，重庆成为全国著名的"雾都"。

---

* 副热带高压相关知识将在第十二章中介绍。

（五）四季如春的昆明

这是由昆明的地理位置和地形特点决定的。昆明处在30°N以南的地区，终年接受太阳光热较多，而且均匀。夏季受来自印度洋的西南风和东南风的暖湿气流影响，阴雨天多，云雨减弱了太阳辐射，日照少，地面温度不易上升，雨水的蒸发也带走了不少热量，加上地处海拔1000多米的云贵高原，气温随高度而降低，所以夏季温度不会很高。冬季昆明等地上空盛行西风，气流把附近印度半岛的干暖空气引导过来。另外，昆明地处云南东部，云南北部和东部的高大山脉梁王山、乌蒙山阻挡着北方冷空气南下，因而晴天多，空气干燥，日照充足，气温较高。

世事无绝对，四季如春的昆明还有"一雨成冬"的说法，意思就是说，在寒冷的季节，只要昆明一下雨，立马就会有浓浓的冬意，湿冷的感觉明显。之所以形成这种现象，是因为昆明晴天的时候一般是受到暖气团的控制，如果有冷空气翻过了云贵交界的高山，在昆明与暖气团相遇，就会带来降雨和降温，从而使昆明的气温陷入低迷当中。如果冷空气强度较强，那昆明的气温还会降到冰点以下，出现雪花飞舞的景象。

（六）花城广州

广州地处亚热带，北回归线从中南部穿过，长夏暖冬，全年水热同期，雨量充沛，利于植物生长，所以一年四季草水常绿、花卉常开，自古就享有花城的美誉，广州人种花、爱花、赏花和赠花的历史悠久。

（七）华南前、后汛期

华南地区位于我国最南端，是一个高温多雨，四季常绿的热带—亚热带区域。这里多数地方的年降水量在1400～2000毫米，但从常年来看，华南地区的降水有两个高峰期，一个是4—6月，也就是华南前汛期，另一个是7—9月，也就是华南后汛期。

华南前汛期的降水主要发生在副热带高压北侧的西风带中，由冷、暖气流交汇引起，经常能够看到锋面降水的特点。5月下旬到6月中上旬是华南前汛期的鼎盛期，每年平均有20场左右的暴雨，其特点是具有时间上的持续性、地域上的广阔性和程度上的猛烈性，容易导致内涝、山洪等次生灾害，但有时也可解除秋冬季以来持续的旱情。

华南后汛期主要是由东风波等热带天气系统造成的，尤其是台风带来的降雨，直接影响了华南后汛期降雨量的多少和地区的分布。华南后汛期的降水强度强，造成的局地灾害比较大，但总体上降雨量要小于华南前汛期。

（八）龙舟水

民间把端午节前后的较大降水过程称为"龙舟水"。龙舟水，又称端阳水、龙降水、端午水等，是华南地区特有的一种自然现象。端午节前后，我国南方暖湿气流活跃，与从北方南下的冷空气在广东和广西、福建、海南交汇，往往会出现持续大范围的强降水。当龙舟水来时，江河水位迅速上涨，为划龙舟提供了良好的场地条件，这是"龙舟水"得名的原因之一。

为便于统计，气象部门一般将每年公历5月21日至6月20日的降水称为"龙舟水"。这期间南方暖湿气流活跃，与从北方南下的冷空气在广东和广西、福建、海南交汇，往往会出现持续大范围的强降水。

（九）桃花汛

"桃花汛"是指每年3月下旬到4月上旬，黄河上游冰凌消融形成的春汛。当其流至下游时，由于恰逢沿岸山桃花盛开，故被称为"桃花汛"。桃花汛时节，景致蔚为壮观，以壶口瀑布最为特色。

（十）雅安天漏

四川雅安降水多，多数县年降水为1000～1800毫米，有"雨城""天漏"之称。湿度大，日照少。年均降水量1800毫米左右，民间有"雅安天漏"的说法，雅安有雨城之称，是四川降水量最多的区域。

雅安天漏是由雅安自身所处的特殊地理环境造就的。雅安的西侧，是号称世界屋脊的青藏高原，而东面则是平畴千里的四川盆地。雅安处于这两种天壤之别的地貌环境之间，常受高原下沉气流和盆地暖湿气流的交互影响，再加上从印度洋来的南支西风挟带大量暖湿气流，常被迫绕高原东移进入雅安境内，这几种气流相互作用，致使雅安不但雨日多、雨时长，而且雨量大。

 互动提升

⓾ 我国梅雨区域主要发生在（　　）。

    A.华南地区   B.江淮地区   C.西北地区

⓫ "龙舟水"是指我国传统节日（　　）节前后出现的大而集中的降水。

    A.清明   B.端午   C.中秋

⓬ 梅雨，指我国长江中下游地区和台湾，以及日本中南部、韩国南部等地，每年（　　）持续天阴有雨的气候现象，此时段正是江南梅子的成熟期，故称其为梅雨。

    A.5月   B.6—7月   C.8月

⓭ 回南天室内墙壁上很多水珠，这些水珠的出现是（　　）。

    A.因为墙壁中含水，水珠是从墙壁渗透出来的

    B.因为水的汽化现象

    C.因为空气中的水遇到较低温的墙壁冷凝而成

    D.因为地面的水汽蒸发而来

❹ "前汛期"是华南特有的一个多雨的时段，主要是在（　　）。

A.4—6月 　　　　B.5—7月 　　　　C.7—8月 　　　　D.7—9月

五 二十四节气

　　"二十四节气"是中国人通过观察太阳周年运动，认知一年中时令、气候、物候等方面变化规律所形成的知识体系和社会实践。二十四节气代表着地球在公转轨道上，24个不同的位置。每个节气，都表示着气候、物候、时候的不同变化。"春雨惊春清谷天，夏满芒夏暑相连。秋处露秋寒霜降，冬雪雪冬小大寒。上半年来六廿一，下半年来八廿三；每月两节日期定，最多不差一两天。"这首中国人熟知的"节气歌"，暗含了二十四节气的先后顺序，分别是：立春、雨水、惊蛰、春分、清明、谷雨、立夏、小满、芒种、夏至、小暑、大暑、立秋、处暑、白露、秋分、寒露、霜降、立冬、小雪、大雪、冬至、小寒、大寒。

　　二十四节气表达了人与自然宇宙之间独特的时间观念，既是指导农业生产的指南针，也是日常生活中人们预知冷暖雪雨的指南针。二十四节气是中华民族悠久历史文化的重要组成部分，凝聚着中华文明的历史文化精华。在国际气象界，二十四节气被誉为"中国的第五大发明"。2016年11月30日，二十四节气被正式列入联合国教科文组织人类非物质文化遗产代表作名录。

　　立夏并非是我们以为的夏天的开始。按气候学的标准，连续5天日平均气温稳定升达22 ℃以上为夏季开始。从气温上分析，立夏前后，我国只有福州到南岭一线以南地区是真正的"绿树浓阴夏日长，楼台倒影入池塘"的夏季，而东北和西北的部分地区这时则刚刚进入春季。

　　同理，立冬与入冬两者并不是一回事。立冬表示节气变化，每年的时间相对固定，都在11月7日或8日。而每年的气候条件不同，入冬早晚差异较大，时间差可达二三周。按气候学的标准，连续5天日平均气温或滑动平均气温低于10 ℃时才算入冬。

⑮ 气象上以连续5天的平均气温小于10 ℃、大于22 ℃分别作为（   ）的开始。

　　A.冬季和夏季　　　　B.冬季和春季　　　　C.冬季和秋季　　　　　D.秋季和夏季

⑯ 二十四节气中表示降水明显增加的节气是（   ）。

　　A.清明　　　　　　B.雨水　　　　　　C.谷雨

⑰ 一般从（   ）节气开始，我国就会出现春雷。

　　A.惊蛰　　　　　　B.雨水　　　　　　C.立春

⑱ 在我国一年四季中，（   ）的白天最短。

　　A.春分　　　　　　B.夏至　　　　　　C.秋分　　　　　　　D.冬至

互动提升答案

❶ B	❷ B	❸ A	❹ A	❺ B	❻ D	❼ B	❽ C
❾ C	❿ B	⑪ B	⑫ B	⑬ C	⑭ A	⑮ A	⑯ C
⑰ A	⑱ D						

第八章 气候异常

一 气候变暖

近百年来，全球的气温变化呈波动性变化，但总体呈上升趋势，且有加快趋势。气候变化是指气候平均状态统计学意义上的巨大改变或者持续较长一段时间（典型的为10年或更长）的气候变动。气候变化的原因有自然原因，如太阳辐射、海陆分布、地形等变化，也有人为原因，如矿物燃料的燃烧和植被的破坏等。

人们焚烧化石燃料（如石油、煤炭等）或焚烧木材时产生的大量二氧化碳，属于温室气体，这些温室气体对来自太阳的短波辐射具有高度透过性，而对地球发射出来的长波辐射具有高度吸收性，能强烈吸收地面辐射中的红外线，导致地球温度上升，产生温室效应。全球变暖会使全球降水量重新分配、冰川和冻土消融、海平面上升等，不仅影响自然生态系统的平衡，还威胁人类的生存。

另一方面，由于陆地温室气体排放造成大陆气温升高，与海洋温差变小，海陆风减弱，进而造成了空气流动减慢，污染无法短时间被吹散，造成很多城市雾、霾天气增多，影响人类健康。汽车限行、暂停生产等措施只有短期和局部效果，并不能从根本上改变气候变暖和污染。

互动提升

❶ 造成气候变暖的原因之一是人类生产活动中排放大量（　　）等温室气体。

　　A.氧气　　　　　　　　B.臭氧　　　　　　　　C.二氧化碳

❷ 温室气体作用是使地球表面（　　）。

　　A.变冷　　　　　　　　B.无变化　　　　　　　C.变暖

❸ 气候变暖带来的影响有（　　）。

　　A.高温热浪变得更加频繁　　　　　　B.强降水频率增加

　　C.干旱面积增加　　　　　　　　　　D.以上全是

❹ 缓解气候变暖，我们应节约能源，夏天空调温度应控制在（　　）以上。

　　A.22 ℃　　　　　　B.24 ℃　　　　　　C.26 ℃

二　极端天气气候事件

　　极端天气气候事件是指天气（气候）的状态严重偏离其平均态，在统计意义上属于不易发生的事件。极端天气特征因地区不同而异，如对少雨的西北地区而言，24小时内出现降水量达100毫米的降水天气，可能是几十年一遇的极端天气，而对雨水充沛的南方地区则构不成极端天气。极端天气气候事件总体可以分为极端高温、极端低温、极端干旱、极端降水等几类，一般特点是发生概率小、社会影响大。随着全球气候变暖，极端天气气候事件的出现频率发生变化，呈现出增多增强的趋势。

三　厄尔尼诺和拉尼娜现象

（一）什么是厄尔尼诺和拉尼娜

　　数百年来，生活在秘鲁北部和厄瓜多尔的渔民发现一种奇怪的现象：每隔几年，在圣诞节前后，赤道太平洋东海岸海水持续增暖，秘鲁亚卡俄沿海庞大的鱼群悄然失踪，原来以鱼为食的海鸟失去了赖以生存的食源，不久也都死去，生机勃勃的海滩一片凄凉。因此，当地渔民以西班牙语中"圣婴"一词，命名这种赤道太平洋东部和中部的海表面温度大范围持续异常增暖的现象，音译为"厄尔尼诺"（图8.1）。

　　在厄尔尼诺过后东太平洋有时会出现海水明显变冷，同时也伴随着全球性气候异常的现象，称为"拉尼娜"（在西班牙语中是"小女孩"的意思）（图8.2）。

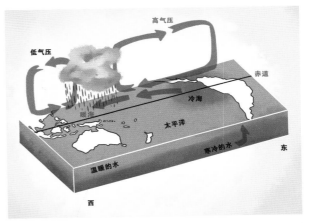

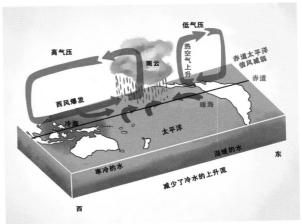

图8.1　正常情况（上）和厄尔尼诺现象（下）示意图

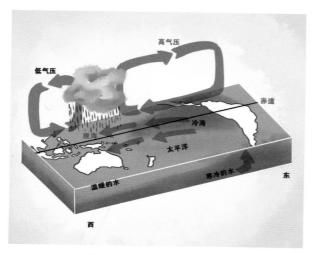

图8.2　拉尼娜现象示意图

（二）厄尔尼诺和拉尼娜是怎样形成的

正常情况下，赤道太平洋海面盛行偏东风（称为信风），大洋东侧表层暖的海水被输送到西太平洋，西太平洋水位不断上升，热量也不断积蓄，使得西部海平面通常比东部偏高40厘米，年平均海温西部约为29 ℃。

但是，当某种原因引起信风减弱时，西太平洋暖的海水迅速向东延伸，海温在太平洋西侧下降，东侧上升，形成厄尔尼诺。

相反，当信风持续加强时，赤道太平洋东侧表面暖水被刮走，深层的冷水上翻作为补充，海表温度进一步变冷，就容易形成拉尼娜。

（三）厄尔尼诺和拉尼娜对我国气候的影响

厄尔尼诺年，东亚季风减弱，中国夏季主要季风雨带偏南，江淮流域多雨的可能性较大，而北方地区特别是华北到河套一带少雨干旱，出现"南涝北旱"状况。拉尼娜年正好相反。

在厄尔尼诺年的秋冬季，北方大部分地区降水比常年减少，南方大部分地区降水比常年增多，冬季青藏高原多雪。拉尼娜年的秋冬季我国降水的分布为北多南少型。

在厄尔尼诺年我国常常出现暖冬凉夏，特别是我国东北地区由于夏季温度偏低，出现低温冷害的可能性较大。拉尼娜年我国则容易出现冷冬热夏。

在西太平洋和南海地区生成及登陆我国的台风个数，厄尔尼诺年比常年少，拉尼娜年比常年多。

厄尔尼诺是影响我国气候异常的一个强信号，但它只是影响我国气候变化的主要因素之一。因此，我们不能简单地把任何气候异常都说成是厄尔尼诺的影响，也不能说厄尔尼诺发生后我国气候就必然产生某种特定的异常。

（四）厄尔尼诺和拉尼娜对全球气候的影响

厄尔尼诺出现时，热带中、东太平洋海温迅速升高，直接导致了中、东太平洋及南美太平洋沿岸国家异常多雨，甚至引起洪涝灾害；也使得热带西太平洋降水减少，造成印度尼西亚、澳大利亚严重干旱。拉尼娜出现时，印度尼西亚、澳大利亚东部、巴西东北部、印度及非洲女南部等地降水偏多，在太平洋东部和中部地区、阿根廷、赤道非洲、美国东南部等地易出现干旱。

❺ 赤道太平洋东部和中部海面温度持续异常偏低的现象指（　　）。

    A.厄尔尼诺现象　　B.拉尼娜现象　　　C.蝴蝶效应　　　　　D.全球气候变暖

❻ 厄尔尼诺是指赤道东太平洋海水温度（　　）的现象。

    A.异常降温　　　B.异常增温　　　C.没有变化　　　　D.变化不大

四　城市热岛效应

    城市热岛效应，是指城市因大量的人工发热、建筑物和道路等高蓄热体及绿地减少等因素，造成城市"高温化"，城市中的气温明显高于外围郊区的现象。在近地面温度图上，郊区气温变化很小，而城区则是一个高温区，就像突出海面的岛屿，这种"岛屿"代表高温的城市区域，所以就形象地称之为"城市热岛"（图8.3）。受城市热岛效应的影响，城市上空的气温比郊区同一水平面处的气温高，因此城市上空形成高气压，郊区上空形成低气压，高空大气从城市向郊区运动，而近地面大气会从郊区向城市运动。

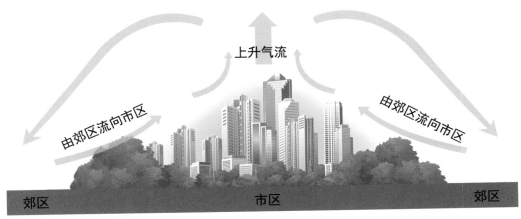

图8.3　城市热岛效应示意图

    形成城市热岛效应的主要因素有城市下垫面、人工热源、水汽影响、空气污染、绿地减少、人口迁徙等。其中，城市下垫面影响与地面介质比热容有关，这个知识点在前面介绍海陆风时已介绍过。水汽影响是因为水的热容量大，在吸收相同热量的情况下，升温值比水泥地、草地较小，表现出水面温度低；水面蒸发吸热，也可降低水体的温度。绿地影响指植物的蒸腾作用可以增大空气的湿度；另外，绿地的水分比较多，在常温下，水蒸发吸热降低气温。

以校园环境或家周边环境为研究对象，利用红外线测温仪或其他手持气象仪器，测量水泥地、草坪和池塘水面等不同下垫面的表面温度，通过实测数据对比分析验证判断"下垫面性质不同对气温造成的影响"，从而解答"为什么市区气温比郊区高"，深入了解热岛效应现象。

互动提升

❼ 城市热岛效应出现的主要原因是（   ）。
　　A.纬度因素影响　　B.地形因素影响　　C.人类活动影响　　　　D.海陆因素影响

❽ 一般情况下城市气温要比郊区高，这种现象称为（   ）。
　　A.城市热岛效应　　B.温室效应　　　　C.城市光效应

五　温室效应

温室效应，又称花房效应，是大气保温效应的俗称。大气能使太阳短波辐射到达地面，但地表受热后向外放出的大量长波热辐射线却被大气吸收，这样就使地表与低层大气增温，作用类似于栽培农作物的温室，故名温室效应（图8.4）。自工业革命以来，人类向大气中排入的二氧化碳等吸热性强的温室气体逐年增加，大气的温室效应也随之增强，其引发的一系列问题已引起了世界各国的关注。

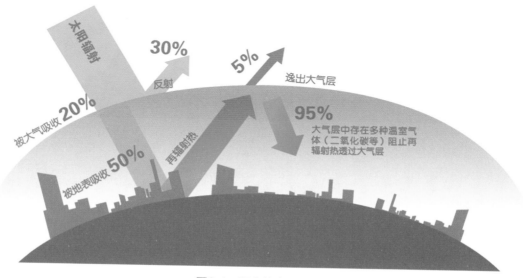

图8.4　温室效应示意图

❾ 造成温室效应的主要原因是（　　）。

　　A.二氧化硫等有毒气体的大量产生　　　B.二氧化碳等气体的大量产生

　　C.围湖造田　　　　　　　　　　　　　D.白色污染

互动提升答案

❶ C	❷ C	❸ D	❹ C	❺ B	❻ B	❼ C	❽ A
❾ B							

第九章 气象灾害

一 气象灾害

　　气象灾害是指大气对人类的生命财产和国民经济建设及国防建设等造成的直接或间接的损害，如台风、暴雨、暴雪、雷电、高温等。它是自然灾害中的原生灾害之一，而且也是最常见的、最主要的一种自然灾害，一般包括天气、气候灾害和气象次生、衍生灾害。

互动提升

❶ 在各类自然灾害中，气象灾害占（　　）以上。

A.50%　　　　　　　B.60%　　　　　　　C.70%

❷ 沙漠化、山体滑坡、泥石流、雪崩、病虫害、海啸等跟气象条件有关的自然灾害被称为（　　）灾害。

A.天气　　　　　　　B.气候　　　　　　　C.气象次生或衍生

二 气象灾害特点

　　种类多。不仅包括台风、暴雨、冰雹、大风、雷暴等天气灾害，还包括干旱、洪涝、持续高温等气候灾害，以及荒漠化、山体滑坡、泥石流、雪崩、病虫害、风暴潮等气象次生或衍生灾害。此外，与气象条件密切相关的环境污染、海洋赤潮、重大传染性疾病、有毒有害气体泄漏扩散、火灾等也成为影响人们生活和安全的重要问题。

　　发生频率高。气象灾害在全球各国几乎每年都会出现。比如旱、涝和台风等灾害发生频率非常高。

　　分布范围广。气象灾害"无处不在"，不管是在高山、平原、高原、海岛等陆地上，还是在江、河、湖、海等水域，到处都有可能发生气象灾害。

　　持续时间长。气象灾害经常是同一种灾害常常连季、连年出现。

　　群发性突出。气象灾害中的某些灾害，往往会在同一时间段发生在很多的地区，例如雷雨、冰雹、大风、龙卷等强对流性天气。

连锁反应显著。气象灾害会产生连锁反应，如雷雨、大风天气往往可以形成或者引发、加重洪水及泥石流等其他自然灾害。

三 中国主要气象灾害

中国横跨5个气候带，是世界上气象灾害发生十分频繁、灾害种类甚多、造成损失十分严重的少数国家之一，每年由于干旱、洪涝、台风、暴雨、冰雹等气象灾害造成的经济损失占因自然灾害造成经济损失的70%以上。在全球气候变化的大背景下，极端气候事件和气象灾害趋强趋多，干旱、洪涝、台风、低温、冰冻等自然灾害风险显著增大，气象防灾减灾形势更加严峻。提高气象灾害监测预报预警能力、完善部门应急联动机制、提高全社会气象防灾减灾意识和知识，避免或减轻气象灾害给人民生产生活的损失和影响，显得越来越重要、越来越突出。

中国主要气象灾害种类包括干旱、暴雨、热带气旋、冰雹、低温冰冻、雪灾等（表9.1、表9.2）。

表9.1 中国主要气象灾害时间分布

时间	灾害
1月	寒潮、冻害、大雪、暴风雪等
4月	华北、西北春旱，华北暴雨、洪涝、冰雹
7月	梅雨，长江流域的伏旱，洪涝，台风

表9.2 中国主要气象灾害地区分布

地区	灾害
东北地区	暴雨、洪涝、低温冻害等
西北地区	干旱、冰雹等
华北地区	干旱、暴雨、洪涝等
长江中下游地区	暴雨、洪涝、伏旱、台风等
西南地区	暴雨、干旱、低温冻害、冰雹、台风等
华南地区	暴雨、干旱、低温冻害、冰雹、台风等

（一）干旱

干旱是在足够长的时期内，降水量严重不足，致使土壤因蒸发而水分亏损，河川流量减少，破坏了正常的作物生长和人类活动的灾害性天气现象。其结果造成农作物、果树减产，人民、牲畜饮水困难，以及工业用水缺乏等灾害。干旱是影响中国农业最为严重的气象灾害，造成的损失相当严重。据统计，中国农作物平均每年受旱面积达3亿多亩*，成灾面积达1.2亿

---

* 面积单位，1亩≈666.67平方米，下同。

亩，每年因旱粮食减产平均达100亿~150亿千克，每年由于缺水造成的经济损失达2000亿元。中国420多个城市存在干旱缺水问题，缺水比较严重的城市有110个。全国每年因城市缺水影响产值达2000亿~3000亿元。

（二）暴雨

暴雨是短时内或连续的一次强降水过程，在地势低洼、地形闭塞的地区，雨水不能迅速排泄造成农田积水和土壤水分过度饱和给农业带来灾害；暴雨甚至会引起山洪暴发、江河泛滥、堤坝决口，给人民和国家造成重大经济损失。长江流域是暴雨、洪涝灾害的多发地区，其中两湖盆地和长江三角洲地区受灾尤为频繁。

（三）热带气旋

热带气旋是在热带海洋大气中形成的中心温度高、气压低的强烈涡旋的统称，造成狂风、暴雨、巨浪和风暴潮等恶劣天气，破坏力很强。像2004年在浙江登陆的热带气旋"云娜"，一次造成的损失就超过百亿元人民币。

（四）冰雹

冰雹灾害是指在对流性天气控制下，积雨云中生成的冰块从空中降落而造成的灾害。冰雹常常砸毁大片农作物、果园，损坏建筑物，威胁人类安全，是一种严重的自然灾害，通常发生在夏、秋季节里。中国冰雹灾害发生的地域很广。

（五）低温冰冻

低温冰冻灾害主要是冷空气及寒潮侵入造成的连续多日气温下降，致使作物损伤及减产的农业气象灾害。严重冻害年如1968年、1975年、1982年因冻害死苗毁种面积达20%以上。1977年10月25—29日强寒潮使内蒙古、新疆积雪深0.5米，草场被掩埋，牲畜大量死亡。

寒潮是冬季的一种灾害性天气，公众习惯把寒潮称为"寒流"。由于北极和西伯利亚一带冬季长期见不到阳光，气温很低，大气的密度就要大大增加，空气不断收缩下沉，使气压增高，这样，便形成一个势力强大、深厚宽广的冷高压气团。当这个冷性高压气团增强到一定程度时，就会像决了堤的海潮一样，一泻千里，汹涌澎湃地向中国袭来，这就是寒潮，它会造成沿途地区大范围剧烈降温、大风和雨雪天气。当然，冷空气南侵达到一定标准才称为寒潮。我国气象部门规定：冷空气侵入造成的降温，一天内达到10 ℃以上，而且最低气温在5 ℃以下，则称此冷空气爆发过程为一次寒潮过程。

与低温有关的气象灾害还有低温连阴雨、倒春寒、寒露风，它们与农业生产密切相关，有兴趣的读者可以找相关书籍阅读了解。

（六）雪灾

雪灾是长时间大量降雪造成大范围积雪成灾的自然现象。它严重影响甚至破坏交通、通信、输电线路等生命线工程，对人民生产、生活影响巨大。2005年12月山东威海、烟台遭遇40年来最大暴风雪，此次暴风雪造成直接经济损失达3.7亿元。

帮助记忆

气象灾害	热带气候	暴雨	干旱	寒潮
成因	低纬度的洋面上湿热空气大规模升至高空，周围低空空气向中心流动，在地转偏向力的作用下，形成空气大旋涡	在源源不断的水汽供应、强烈的上升运动，形成降水的天气系统持续时间较长等条件下造成连续性的暴雨	长时期无降水或降水异常偏少，造成空气干燥，土壤缺水	强冷空气迅速入侵造成大范围的剧烈降温，并伴有大风、雨雪、冻害等
天气系统	气旋	冷锋、暖锋、气旋、台风等	单一大陆气团、副热带高压	冷锋
在我国的时空分布	夏秋季节，主要影响沿海地区	夏季，除西部沙漠地区外，均有暴雨，南方和东部地区有大暴雨和特大暴雨	春夏季节，分布普遍，以我国北方和西部严重	冬半年，影响范围大，除了青藏高原、云贵高原和南部沿海地区受影响比较弱以外，其他大部分地区都受影响比较强烈

互动提升

❸ 对我国农业生产影响最大的灾害是（　　）。

A.干旱　　　　　　B.洪涝　　　　　　C.作物病虫害

❹ 我国发生范围最广的气象灾害是（　　）。

A.台风　　　　　　B.干旱　　　　　　C.洪涝

四 气象灾害防御

(一)暴雨防御措施

（1）暴雨期间尽量不要外出，必须外出时应尽可能绕过积水严重的地段，要注意观察，贴近建筑物行走，防止跌入窨井、地坑等。

（2）关闭煤气阀和电源总开关。

（3）预防居民住房发生小内涝，可因地制宜，在家门口放置挡水板、堆置沙袋或堆砌土坎，危旧房屋或在低洼地势住宅的居住人员应及时转移到安全地方。

（4）室外积水漫入室内时，应立即切断电源，防止积水带电伤人。

（5）注意夜间的暴雨，提防旧房屋倒塌伤人。

（6）不要在下大雨时骑自行车。

（7）驾驶员遇到路面或立交桥下积水过深时，应尽量绕行，避免强行通过。

（8）雨天汽车在低洼处熄火，千万不要在车上等候，应下车到高处等待救援。

（9）在山区旅游时，注意防范山洪。上游来水突然混浊、水位上涨较快时，须特别注意。

（二）台风防御措施

（1）要注意收听、收看媒体报道或咨询气象局及相关网站了解台风的最新情况和动向。一旦气象台发出台风警报后，就不要到台风经过的地区旅游或到海滩游泳；在户外有可能受影响的人应尽快回家。

（2）在台风来袭前，要做好充分的准备，准备电筒、蜡烛等照明工具；储备好饮用水，食物、药品以及有关的生活必需品等，以避免断电停水后外出抢购。要清理露天阳台和平台上的杂物保持排水管道畅通，以免台风暴雨引起积水不畅而倒灌室内。

（3）台风来袭时，由于台风的风力强劲难免造成户外大型广告牌掉落、树木被刮倒、电线杆倒地的事情，因此切勿在玻璃门窗、危棚简屋、临时工棚附近及广告牌、霓虹灯等高空建筑物下面逗留，每年台风中被砸伤的案例都有发生。此外，尽量避免在靠近河、湖、海的路堤和桥上行走，以免被风吹倒或吹落水中。如果你正在开车，则应立即将车开到地下停车场或隐蔽处。

（4）台风来袭后会导致交通路面出现积水、湿滑等现象，易造成交通事故。因此，开车时要注意路况信息，避开积水和交通不畅的地区，减速慢行；骑车的则建议选择步行、乘坐公交车代步。

（5）台风期间雷电频繁，要尽量关闭电器等易引发雷击的设施；发现危房，要及时与所在地房管部门取得联系，如需转移则要服从有关部门安全转移指挥。

（6）当台风预警信号解除以后，要在撤离地区被宣布为安全以后才可返回。回家以后，发现家里有不同程度的破坏，不要慌张，更不要随意使用煤气、自来水、电器设施等，并随时准备在危险发生时向有关部门求救。

（7）台风过后，防疫防病、消毒杀菌工作要及时跟上。市民一定要喝经过消毒处理的水，不要用未经消毒的水漱口、洗瓜果和碗筷，不吃生冷变质的食物，食物要煮熟煮透，饭前便后要洗手。及时清除垃圾、人畜粪便和动物尸体，对受淹的住房和公共场所要及时做好消毒和卫生处理。

(三)龙卷防御措施

（1）最安全的地方是由混凝土建筑的地下室。龙卷有跳跃性前行的特点，往往是"一会儿着地一会儿腾空"。人们还发现，龙卷过后会留下一条狭窄的破坏带，在破坏带旁边的物体即使近在咫尺也安然无恙，所以我们在遇到龙卷时，要镇定自若，积极想法躲避，切莫惊慌失措。要知道混凝土建筑的地下室才是最安全的地方。应尽量往低处走，尤其不能待在楼房上面。相对而言，小房屋和密室要比大房间安全。

（2）寻找与龙卷路径垂直方向的低洼区藏身。如果正巧乘汽车在野外遇到了龙卷，那是非常危险的。因为龙卷不仅可以将沿途的汽车和人吸起"吞食"，还能使汽车内外产生很大的气压差而引起爆炸，所以这时车上的人应火速弃车奔向附近的掩蔽处。倘若已经来不及逃远，也应当机立断，迅速找一个与龙卷移动路径垂直方向的低洼区(如田沟)隐身。龙卷总是"直来直去"，好像百米冲刺的运动员一样，它要急转弯是十分困难的。

（3）跑进靠近大树的房屋内躲避。人们只见到大树被龙卷连根拔起或拦腰折断而未发现被"抛"到远处，这大概是树木有一定的挡风作用吧。1985年6月27日，内蒙古农民丁凤霞家一棵直径1米多粗、高10多米的大树被龙卷连根拔起，附近另两棵大树也被折断，而距离大树3米远的房屋却秋毫无损，但距离她家30米远处的6间新盖砖瓦房因旁边未植树而遭毁。由此可见，房前屋后多植树可抵御龙卷袭击。

(四)冰雹防御措施

（1）注意天气变化，做好防雹和防雷电准备。

（2）老人、小孩不要外出，留在家中。

（3）妥善安置易受冰雹影响的室外物品。

（4）将家禽、牲畜等赶到带有顶棚的安全场所。

（5）不要进入孤立的棚屋、岗亭等建筑物或大树底下。

（6）如在室外，应用雨具或其他代用品保护头部，并尽快转移到安全的地方暂避。

（7）如果你正在驾车，请尽快将车辆驶入有遮挡的地方。如果车辆停放在露天场所，请尽量遮盖，减小损伤。

(五)雷电防御措施

雷雨天气时，在建筑物附近和室内，要注意以下几点：

（1）不要停留在楼顶上，因为大多数雷击事件都发生在建筑物的顶部。

（2）要及时关好门窗，防止侧击雷和球状雷入侵，大多数球状雷是沿着烟囱、窗户或门进入室内引起爆炸的。

（3）在雷雨天气时不要接近建筑物中裸露的金属物，如水管、暖气管、煤气管等，因为雷击时金属管会感应带电，引起触电。

（4）不要使用未装防雷设施的电器设备，以免引雷身亡。

（5）雷击时不要在空旷地带接打电话，要拔掉冰箱、空调、电视机、电热器等电器的电源，电脑也应停止工作。

雷雨天气时，在室外要注意以下几点：

（1）不宜在旷野中打雨伞和高举金属物体，在旷野高举雨伞容易被雷击中。

（2）不宜在大树底下避雨。

（3）不宜快速骑摩托车、自行车，因为车身是金属的，所以容易遭雷击。

（4）不宜在户外进行球类运动，雷雨天在室外运动容易造成群死群伤的后果，足球场遭雷击的事件在国外常见。

（5）不要到江河边、湖边、海边劳动，或下水游泳、洗澡、划船等，因人体浸泡在水中容易遇到雷击伤亡。

（6）要注意的是万一有人遭遇到雷击，应赶快用人工呼吸急救并送医院治疗。

(六)高温防御措施

（1）注意防晒。尽量避免高温天气出门，尤其是中午气温较高时。切忌在太阳下长时间暴晒，可打遮阳伞、涂抹防晒霜。气温高时，人的体力消耗大，容易犯困，因此夏季要保持足够的睡眠时间以确保精力充沛。

（2）尽量不要选择深色衣物，因为深色衣服最容易吸热，并且视觉上容易让人觉得闷热。要选择吸汗能力强、通气性好、便于洗涤的衣服，棉质、丝绸都是夏装不错的选择。应注意，汗湿衣服应及时换洗。

（3）驾驶员不宜戴颜色太深的墨镜，在高温天气下，沥青路面被阳光暴晒后容易产生"虚光"，让驾驶员出现幻视，严重影响行车安全。驾驶员不要穿拖鞋，在发生紧急情况下，踩刹车拖鞋会不跟脚，很容易延误刹车时机，造成交通事故。

（4）夏季应多补充水、无机盐和维生素，可食用含钾高的食物，如水果、蔬菜、豆制品、海带，多吃清热利湿的西瓜、苦瓜、西红柿、黄瓜、绿豆等；要补充足够的蛋白质，鱼、肉、蛋、奶和豆类为好。

（5）夏季汗液蒸发，容易缺水口渴，而口渴时表明人体水分已经失去平衡，细胞开始脱水，此时喝水为时已晚。口渴时忌过量饮水，大量喝水会使胃难以适应，造成不良后果。

（6）在早晚凉爽之时开启门窗通风，让空气流通。而在白天尤其是中午应将门窗关闭，以隔绝室外热空气的侵袭，并拉上浅色窗帘，阻挡阳光，反射热辐射，使室内较为凉爽。

（7）夏季室外炎热，室内外温差太大不利于体温调节。室内空调最佳温度应该设定在26~28℃，晚间可以稍微再调高一些，既有利于健康，又可以节约电能。

（8）在高温天气行车要谨防车辆"自燃""自爆"，出车前要多检查高压电路是否短路、漏电、松动；检查化油器是否回火、油路是否漏油、排气管是否放炮、轮胎气压是否过高等，确保车况良好。

（七）沙尘防御措施

在室外活动时，最好用湿毛巾、纱巾保护眼睛和口。在沙尘天气中，人们应该多喝水，多吃清淡食物。

📖 拓展阅读

海绵城市

海绵城市，是新一代城市雨洪管理概念，是指城市在适应环境变化和应对雨水带来的自然灾害等方面具有良好的"弹性"，也可称之为"水弹性城市"。国际通用术语为"低影响开发雨水系统构建"。下雨时吸水、蓄水、渗水、净水，需要时将蓄存的水"释放"并加以利用。

建设"海绵城市"并不是推倒重来，取代传统的排水系统，而是对传统排水系统的一种"减负"和补充，最大程度发挥城市本身的作用，如海绵城市大量采用透水性路面，增加雨水的下渗，促进地下径流增强，地表径流减弱，,缓解城市内涝。

✦ 互动提升

❺ 暴雨导致井盖被冲开，有人被冲入下水道致死，这种例子近年来在全国多地都有发生过。请问，下暴雨了，如果看到马路积水处出现漩涡，应该怎样走?（　　）

　　A.从漩涡处跳过去　　　　B.从漩涡边上小心走过去　　　C.绕着走

❻ 暴雨导致马路低洼处积水，特别是桥底通道积水可达到数米，有人开车冲入积水深处，汽车熄火被困致死。请问，暴雨导致马路积水，遇到车辆熄火时应（　　）。

　　A.及时弃车，奔向高处　　　B.躲在车内等待救援　　　C.把车推出去

❼ 一群人去山区旅游，遇到暴雨被山洪所困，发现救援人员时发出求救信号的方法可以是（　　）。

　　A.挥动鲜艳衣服　　　　B.不断走动　　　　C.坐着不动

❽ 暴雨下个不停，放学后同学们沿着学校围墙边走路回家。这种做法是否合适？（ ）

  A.合适   B.不合适

❾ 当雷雨天气出现的时候，下列哪种做法是不正确的？（ ）

  A.不在操场上踢球   B.远离水面、湿地或水陆交界处

  C.要立即拨打报警电话以求自救

❿ 中小学生在上学或放学回家的途中，如果遇到雷雨天气，应该（ ）。

  A.进入有防雷装置的建筑物内   B.进入庄稼地的小棚房

  C.打金属骨架的雨伞   D.骑摩托、自行车

⓫ 为防雷击，户外避雨不宜在（ ）避雨，同时也要远离高压线和变电设备。

  A.汽车里   B.桥下   C.大树下

⓬ 为了防止家用电器遭雷击,进入住宅的电源线应当（ ）。

  A.降低电压   B.屏蔽接地   C.安装保险丝

⓭ 在开阔地遇强雷雨时怎么办？（ ）

  A.快速奔跑   B.站立不动   C .抱膝下蹲

⓮ 高温天气应多吃（ ）。

  A.高糖食物以增加抵抗力   B.清淡食物   C.含糖饮料

五 气象灾害预警信号

  气象灾害预警信号由名称、图标、标准和防御指南构成。中国气象局颁布的气象灾害预警信号共有14种，分别为台风、暴雨、暴雪、寒潮、大风、沙尘暴、高温、干旱、雷电、冰雹、霜冻、大雾、霾、道路结冰预警信号。每一类又分为不同级别。预警信号的级别依据气

象灾害可能造成的危害程度、紧急程度和发展态势一般划分为四级：Ⅳ级（一般）、Ⅲ级（较重）、Ⅱ级（严重）、Ⅰ级（特别严重），依次用蓝色、黄色、橙色和红色表示，同时以中英文标识。请注意，地方性气象预警信号种类、等级划分可能与中国气象局颁布的气象灾害预警信号不同。例如广东省气象灾害预警信号共有10种，分别为台风、暴雨、高温、寒冷、大雾、灰霾、雷雨大风、道路结冰、冰雹、森林火险；广东省台风预警信号分五级，分别以白色、蓝色、黄色、橙色和红色表示。

预警信号发布的作用是给政府及相关部门决策提供帮助，比如防御山洪地质灾害以及城市内涝等，都需要预警信号来提醒国土资源部门、水利部门等相关单位采取措施，而他们也会根据预警的级别部署相应的应急方案，保护人民群众生命财产安全。各省份发布的预警信号有时提前12～24小时，但面对局地突发性的强对流天气，发布的时效就会稍微短一些。有时灾害性天气已经发生才发布，主要是考虑灾害天气的影响仍将持续一段时间。在这种情况下，发布还是很有意义的，可以提醒公众做好相应的防护措施。作为公众，我们平时要多加关注天气，多了解气象灾害预警信号的含义和相关防范措施，提高防范意识，关键时刻不"轻敌"，气象防灾减灾的效果就会大幅提升。

互动提升

⑮ 我国气象灾害预警信号级别根据颜色来划分，级别最高的为（　　）。

　　A.蓝色预警信号　　　　　　B.橙色预警信号　　　　　　C.红色预警信号

⑯ 气象灾害预警信号由（　　）构成。

　　A.名称、图标、标准和防御指南　　B.名称、图标和颜色　　C.颜色、图标和含义

⑰ 灾害性预警信号由谁发布？（　　）

　　A.气象部门所属的气象台站向社会发布　　B.人民政府　　C.防汛抢险部门

　　D.媒体部门　　　　E.其他任何组织或者个人

互动提升答案

❶ C	❷ C	❸ A	❹ B	❺ C	❻ A	❼ A	❽ B
❾ C	❿ A	⓫ C	⓬ B	⓭ C	⓮ B	⓯ C	⓰ A
⓱ A							

技能篇

第十章　了解气象观测

一　气象观测

　　气象观测，包括地面气象观测、高空气象观测、大气遥感探测和气象卫星探测等，有时统称为大气探测。由各种手段组成的气象观测系统，能观测从地面到高层、从局地到全球的大气状态及其变化。气象观测的空间是立体的，气象观测的数据是庞大的。

　　气象观测记录和依据它编发的气象情报，除了为天气预报提供日常资料外，还通过长期积累和统计，加工成气候资料，为农业、林业、工业、交通、军事、水文、医疗卫生和环境保护等部门进行规划、设计和研究提供重要的数据。采用大气遥感探测和高速通信传输技术组成的灾害性天气监测网，已经能够十分及时地直接向用户发布龙卷、强风暴和台风等灾害性天气警报。大气探测技术的发展为减轻或避免自然灾害造成的损失提供了条件。

　　现代气象观测系统所获取的气象信息是大量的，要求高速度地分析处理，例如，一颗极轨气象卫星，每12小时就能给出覆盖全球的资料，其水平空间分辨率达1千米左右。采用电子计算机等现代自动化技术分析处理资料，是现代气象观测中必不可少的环节。

二　常规气象观测

　　常规气象观测是指运用常规观测仪器和方法进行的气象观测。例如，气象站按照地面气象观测规范进行地面气象观测。常规气象观测是相对于采用气象雷达、激光技术、气象火箭、气象卫星等新兴探测设备所进行的专门气象观（探）测而言的。

　　近百年来，传统的人工观测即常规观测气象站是各种气象资料的主要来源，它提供了较长时期的气象观测记录。随着气象观测技术的快速发展，人工气象观测逐步由自动化气象观测替代。

三　气象卫星

　　气象卫星是从太空对地球及其大气层进行气象观测的人造地球卫星。卫星所载各种气象遥感仪器，接收和测量地球及其大气层的可见光、红外和微波辐射，并将其转换成电信号传送给地面站。地面站将卫星传来的电信号复原，绘制成各种云层、地表和海面图片（即卫星云图），再经进一步处理和计算，得出各种气象资料。气象卫星观测范围广、观测次数多、观测时效快、观测数据质量高，不受自然条件和地域条件限制，它所提供的气象信息已广泛应用于日常气象业务、环境监测、防灾减灾、大气科学、海洋学和水文学的研究。

卫星云图在分析天气系统和做形势预报时，是一个十分有用的辅助工具，尤其是对高原和热带天气系统的分析和预报，更是非常重要的工具。因为在这些地区常规观测记录稀少，天气系统难以正确分析，甚至分析不出来，从而造成预报失误。如果有云图配合，我们便可通过云系的发展、移动来正确判断天气系统的位置、强度及其演变。

根据气象卫星运行轨道的不同，可把气象卫星分为两大类。

一类叫作极轨气象卫星，又称太阳同步气象卫星。在它运行过程中，每条轨道都经过地球南北极附近的上空，其优点是覆盖全球，观测领域广阔，可以实现全球观测，所以在中期数值天气预报、气候诊断和预测、自然灾害和环境监测等方面可以提供有效的观测资料。

另一类叫作静止气象卫星，又称地球同步气象卫星。它位于地球赤道上空36 000千米的高度上，由于它围绕地球旋转的角速度与地球自转的角速度相同，看上去好像"静止"在赤道上空似的。它的优点是对局部地区可进行15～30分钟高频次的观测，可以捕捉到快速变化的天气系统，主要用于天气分析特别是中尺度强对流天气的预警和预报。

我国自1988年开始有了自己的气象卫星，风云一号和风云三号属于极轨气象卫星，风云二号和风云四号属于静止气象卫星（图10.1）。

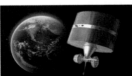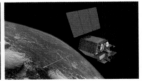

图10.1　风云系列卫星

卫星云图是由气象卫星自上而下观测到的地球上的云层覆盖和地表面特征的图像。目前接收的云图主要有红外云图、可见光云图及水汽图等。可见光云图是借助于地球上物体对太阳光的反照而拍摄的，只限于白天获取；红外云图是借助地球表面物体温度和大气层温度辐射的程度形成的，可以全天候获取。利用卫星云图可以识别不同的天气系统，确定它们的位置，估计其强度和发展趋势，为天气分析和天气预报提供依据。

怎样通过卫星云图识别天气？

在红外卫星云图上，地表和海洋常用绿色和蓝色表示。绿色越深，表示地面辐射越强，天气越晴好。当某地上空为云、雨覆盖，卫星观测到的则是从云顶发向太空的红外辐射，表现为白色或灰白色。白色表示地面辐射减弱，气温较低，云系很厚密，降水强度也就很大。晴空区与云雨区之间的过渡带通常为深灰、灰、浅灰色云系覆盖，表示有不同厚度的云而无明显降水（图10.2）。

图10.2 红外卫星云图

图10.3 可见光云图

由气象卫星从太空摄得的可见光云图是利用云滴和冰晶等对阳光的粗粒散射而产生的散射光拍摄而成（图10.3）。云图上白色表示太阳光反射强，灰黑的地方表示反射较弱。由于陆地的反射能力比海洋高，所以可见光云图上的陆地表现为灰色，海洋表现为黑色，而冰雪和深厚云系覆盖的地区一般呈白色。

使用红外云图的一个好处是它能不分昼夜地提供云盖和气团温度信息，而可见光云图只有白天的资料可用；但可见光云图的分辨率较红外云图高，因此能显示更为细致的云结构。所以，要更好地实现卫星云图的效果，最好是两种云图结合起来使用。

互动提升

❶ 气象卫星是从（ ）对地球及其大气层进行气象观测的卫星。

A.外层空间　　　　B.对流层　　　　C.电离层

❷ 气象卫星不能进行的工作是（ ）。

A.监测云的发展演变　　　　B.监测台风　　　　C.监测气压

四　气象雷达

第二次世界大战前，用军事雷达探测发现雨、云、雪等降水粒子能够产生回波，并能较好地反映云雨区结构和变化。由此，雷达作为人类认识自然的一种手段应运而生，并逐步形成雷达气象学。

气象雷达是探测气象要素、天气现象等的雷达的总称。主要包括天气雷达、测风雷达、风廓线雷达等。

气象雷达工作时，发出的电磁波在传播过程中，遇到云层、雨滴等就会反射回来，通过雷达回波的性质和形状，便可预知在几十米到几百千米之外所遇到的云雨的方位和位置，也可分析出降水的性质和强度。把这些电波转换成信号在雷达显示屏上显示出图像，这种图称雷达回波图。

一个雷达的监测半径能达到几百千米，把这些碎片化的区域雷达图拼接起来，就可以获得更大范围的数据。应用天气雷达，分析雷达回波图可对台风、雷暴、暴雨、飑线、冰雹、龙卷等灾害性天气强度、位置及其移动变化情况及时发现、及时预警，在防灾抗灾、经济建设和国防建设中收到很好的效果。雷达回波综合图是各气象台站制作强对流天气、暴雨和一般降水短时预报的有力工具。怎样通过雷达回波图识别天气？

在雷达图上，颜色表示气象雷达的回波强度，从蓝色到紫色的渐进变化，代表回波强度由小到大，降水强度逐渐提升（图10.4）。一般而言，蓝色回波对应的区域表示当地被降水云系笼罩，但尚未出现降雨；绿色回波覆盖的区域代表当地正沉浸在小雨之中；黄色到红色回波覆盖的区域有中到大雨；而紫色回波的区域降水强度最大，该地区正"沦陷"于暴雨甚至

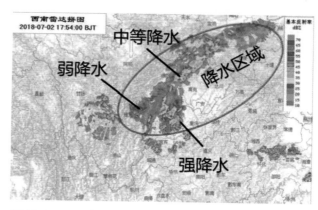

图10.4　2018年7月2日西南雷达拼图（引自中央气象台）

大暴雨之中，并有可能伴随雷电大风甚至冰雹等剧烈天气。

雷达图在中央气象台网站上每6分钟就会更新一次，制作成动画后，就能观察到回波是如何诞生、发展和移动的，未来降水趋势就在你的掌握之中。不过云团并非匀速移动，降水量也不可能保持不变，它们都会因当地气象、地形等条件实时发生变化，所以气象雷达还是多应用于短时（6～12小时）的天气预报。广州的读者，你们可以微信关注"广州天气"订阅号，点击"实况资料"可以看到雷达回波图。

气象卫星观测范围广，对于尺度较大的、持续时间不短的系统可以做到有效观测，但对于尺度比较小，持续时间比较短的局地系统观测就稍显不足。气象卫星的应用主要是大范围的观测，确定锋面、热带气旋等系统，尤其在人迹罕至的荒野，无法设置气象站的海洋，气象卫星起了巨大的作用。气象雷达主要对灾害性天气监测预警，能够根据回波判断是层云降水还是积云降水，识别有无可能降雹，识别有无可能出现龙卷，也能够准确分析识别一些天气系统内的具体结构，定量估测大范围降水以及监测实时风场信息。总之，气象卫星是从太空往下看的眼睛，只能看到表面情况，比如云顶的情况，探测精度有限。气象雷达是透视眼，能看清楚云的结构，可满足探测精度要求，但是能探测的距离有限。所以气象卫星与气象雷达在气象观测方面可相互结合，取长补短。

 互动提升

❸ 下列哪种动物感知信息的方式与雷达相同?（   ）
　　A.蝙蝠　　　　　　B.兔子　　　　　　C.老鹰

❹ 强对流天气的临近预报一般通过（   ）完成。
　　A.卫星云图　　　　B.天气雷达图　　　C.天气形势图

互动提升答案

❶ A	❷ C	❸ A	❹ B				

第十一章 气象要素的观测

一 气象要素

气象要素指表示大气物理状态、物理现象的各项要素。主要有：气温、气压、风、湿度、云、降水以及各种天气现象。在这些主要的气象要素中，有的表示大气的性质，如气压、气温和湿度；有的表示空气的运动状况，如风向、风速；有的本身就是大气中发生的一些现象，如云、雾、雨、雪、雷电等。

二 气温的观测

气象学上把表示空气冷热程度的物理量称为空气温度，简称气温，国际上标准气温度量单位是摄氏度（℃）。

为什么在夏天预报最高温度为35 ℃，而人们实际感受到的不止35 ℃，而且用温度表测量周围气温有时可达40 ℃？其实，大家对夏天的气温预报存在着误解。天气预报中所说的气温，指在野外空气流通、不受太阳直射条件下测得的空气温度，一般在离地面1.5米高的百叶箱内测定（图11.1）。百叶箱作为观测场里最基本、最常见的设备，安置测定温度、湿度仪器

图11.1 百叶箱

用的防护设备，箱内装有干、湿球温度表，最高、最低温度表和毛发湿度表。百叶箱箱体是白色的，作用是防止太阳对仪器的直接辐射和地面对仪器的反射辐射，以保证测量的准确性；百叶箱还用于保护仪器免受强风、雨、雪等的影响，并使仪器感应部分有适当的通风，能真实地感应外界空气温度和湿度的变化。人们测到的40 ℃，实际上是大气环境温度，环境温度受太阳直接辐射等因素或者地表状况影响，所以比气象台测到的温度高。我们周围的环境温度随着环境变化而变化。例如，同一时间站在水泥地上测到的气温肯定比树荫下的高，这些地方测到的温度不能代表大气标准温度。另外，人体在相同的气温条件下，会因湿度、风速、太阳辐射（或日射）等的不同而产生不同的冷暖感受，甚至从太阳下走向一片树荫都会有惊人的体感温差，所以也不能以人的体感温度代表空气温度。

空气温度记录可以表征一个地方的热状况特征，气温是地面气象观测中所要测定的常规要素之一。通常通过气温的平均情况来表达气温一天的状况，这就是日平均气温。中国气象局规定，日平均气温是把每天02时、08时、14时、20时4次测量的气温求平均，还要精确到0.1 ℃。除了日平均气温外，还有月、年平均气温等，以表达气温的变化特点，其中月平均气温的计算方法是将一月中所有日平均气温求和后平均（如一个月中有30日，则月平均气温为30日日平均气温相加后除以30），而年平均气温是把月平均气温加起来再除以12的数值。

最高气温是一日内气温的最高值，一般出现在14—15时；最低气温是一日内气温的最低值，一般出现日出前。为什么最高温度出现时间比最大太阳辐射量出现时间稍晚呢？原因是，空气温度的升高主要受地面温度的影响。中午，太阳光照射地面最接近直射，地面和空气受热强，但地面放出的热量，少于吸收太阳辐射的热量。中午以后虽然太阳辐射减弱，但地面温度继续升高，当地面放出的热量等于太阳辐射的热量时，地面温度升至最高，近地面气温也升至最高。同理，太阳下山后，空气和地面都同时失去了太阳光热的供应，因此开始不断地散失热量，气温也就不断降低，到第二天清晨地面温度下降到最低值。

同理，在中国大部分地区，全年最冷、最热的时段，不是全年太阳高度角最低（太阳辐射最弱）和最高（太阳辐射最强）的冬至和夏至，而是像谚语所说的"冷在三九，热在三伏"。这是因为气温的升降变化，不仅取决于热量的收入，还要取决于地面向太空辐射热量的支出。当两者达到平衡后，气温才能上升或降低。虽然夏至后地面得到的太阳辐射开始减少，但仍大于支出，直到收支达到平衡（"三伏"）之前，气温仍然保持上升。同样，冬至到"三九"之间，气温也因地面热量仍支出大于收入而继续下降，直到"三九"后才开始上升。

另外，日最低气温达到或低于5 ℃时称为低温。日最高气温达到或超过35 ℃时称为高温，连续3天以上的高温天气过程称为高温热浪（也称为高温酷暑）。

气温日变化过程

时间	太阳辐射强度	地面储存热量	地面温度	地面辐射	气温
日出→正午	不断增强	不断增多	不断升高	不断增强	不断上升
正午→14:00左右	开始减弱	继续增多	继续升高，13:00左右达到最高值，然后开始削弱	继续增强	继续上升，14:00—15:00达到最高值
14:00→日出前后	不断减弱直至日落	不断减少	不断降低	不断减弱	不断下降，日出前后达最低值

一天中最高气温出现在正午过后，于14—15时；最低气温出现在日出前后。一年中，北半球陆地月平均最高气温出现在7月，月平均最低气温出现在1月，南半球相反。

观测实践

记录一年气温数据，算出各月平均气温，按照第一章介绍的绘制气温日变化曲线的方法，绘制气温月变化曲线。了解气温在一年当中的变化规律；了解本地区一年当中最热和最冷是什么时候，思考为什么高考从7月改为6月；为什么放寒假和暑假选择1—2月和7—8月。

互动提升

❶ 地面气象观测时对气温进行观测是指（　　）。

A.对任意空气中一点的温度测量　　　　B.对地表温度测量

C.对离地1.5米高处，百叶箱内的温度测量

❷ 一日之中最低气温常出现于（　　）。

A.晚上八九点钟　　B.夜里十二点左右　　C.夜里两三点钟　　D.凌晨日出前后

三　湿度的观测

湿度是表示空气中水汽含量或潮湿程度的物理量。

（一）水汽压和饱和水汽压

大气压力是大气中各种气体压力的总和。水汽和其他气体一样，也有压力。大气中的水汽

所产生的部分压力称水汽压（e）。它的单位和气压一样，也用"百帕"（hPa）表示。在温度一定的情况下，单位体积空气中的水汽量有一定限度，如果水汽含量达到此限度，空气就呈饱和状态，这时的空气称饱和空气。饱和空气的水汽压（E）称饱和水汽压，也叫最大水汽压，因为超过这个限度，水汽就要开始凝结。实验和理论都可证明，饱和水汽压随温度的升高而增大。在不同的温度条件下，饱和水汽压的数值是不同的。

（二）相对湿度

相对湿度（f）就是空气中的实际水汽压与同温度下的饱和水汽压的比值（用百分数表示），即 $f=e/E\times100\%$。

另一种理解，相对湿度就是空气中水汽的质量分数占它在此温度下所能容纳的最大量的百分比。例如，10 ℃时，1立方米的空气能够容纳8克水汽，如果空气中实际的水汽含量为8克，那么它的相对湿度就是100%。如果空气中实际的水汽只有4克，那么相对湿度就是50%。

（三）露点

在空气中水汽含量不变，气压一定条件下，使空气冷却达到饱和时的温度，称露点温度，简称露点（T_d）（通俗说法：气体中水蒸气含量达到饱和状态的温度，也就是空气中无法容纳更多水汽的温度）。其单位与气温相同。在气压一定时，露点的高低只与空气中的水汽含量有关，水汽含量愈多，露点愈高，所以露点也是反映空气中水汽含量的物理量。在实际大气中，空气经常处于未饱和状态，露点温度常比气温低（$T_d<T$）。因此，根据 T 和 T_d 的差值，可以大致判断空气距离饱和的程度。

在一定的温度条件下，空气中所能容纳的水汽是有限的。从温度越高水蒸发越容易可知，温度越高水就越不容易以稳定的液态存在，而是容易以气态或悬浮小液滴状存在于空气中。因此，气温越高，空气中能够容纳的水汽越多；气温越低，能容纳的水汽越少。这就是白天看不到露珠，而温度较低的早晨能看到露珠的原因。白天温度高，空气中能够容纳的水汽多，而早晨温度低，空气容纳不了那么多的水汽了，就会凝结为液态的水，就是露珠了。南极被称为"白色沙漠"，是世界上最干燥的大陆，原因之一是南极洲是世界上最冷的地方，空气中容纳不了多少水汽。

💡 帮助记忆

水汽压、露点表示空气中水汽含量的多与少，而相对湿度、温度露点差则表示空气距离饱和的程度。

互动提升

❸ 相对湿度的日变化决定于温度，但一日之中相对湿度极值（极大值或极小值）出现的时间，与温度的（　　）。

　A.相反　　　　　　B.相同　　　　　　C.无关　　　　　　D.相应

❹ 有学生通过探究实验发现，灌木丛比裸地的空气相对湿度大，这是因为植物有（   ）。

A.蒸腾作用　　　　　B.呼吸作用　　　　　C.光合作用　　　　　D.扩散作用

四　风的观测

风能引起空气质量的输送，同时也造成热量、动量以及水汽、二氧化碳、灰尘的输送和交换，是天气变化和气候形成的重要因素，所以风的测量与气温、湿度、气压和降水等测量一样，是重要的观测内容。

风是空气相对于地面的运动。气象上常指空气的水平运动。风不仅有数值的大小（风速、风力），还具有方向（风向）。

风速是指空气在单位时间内流动的水平距离，单位常用"米/秒（m/s）"表示。风力是用风级表示的风的强度。根据风对地面物体或海面的影响程度，将风分为19个等级（表11.1）。

表11.1　风力等级表

风力等级	风的名称	相等于平地10米高处的风速（米/秒）
0	静风	0～0.2
1	软风	0.3～1.5
2	轻风	1.6～3.3
3	微风	3.4～5.4
4	和风	5.5～7.9
5	劲风	8.0～10.7
6	强风	10.8～13.8
7	疾风	13.9～17.1
8	大风	17.2～20.7
9	烈风	20.8～24.4
10	狂风	24.5～28.4
11	暴风	28.5～32.6
12	飓风	32.7～36.9
13		37.0～41.4
14		41.5～46.1
15		46.2～50.9
16		51.0～56.0
17		56.1～61.2
18		≥61.3

风向是指风的来向，地面风向用 16 个方位表示，每相邻方位间的角差为 22.5°（图 11.2）。文字记录风向可用 N、S、E、W 分别代表北、南、东、西。如用 NE 代表东北风，用 SW 表示西南风，东南偏南用 SSE 表示，东南偏东用 ESE 表示。

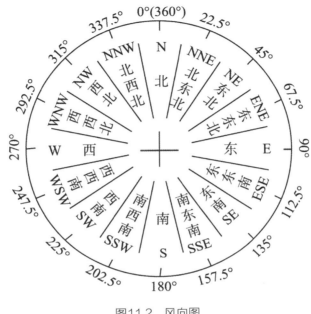

图11.2　风向图

天气图上，用风矢来表示风向风速。风矢由风向杆和风羽组成（图11.3）。风向杆指向风吹来的方向（风向），风羽表示风速，就是"F"上的横杠。横杠有长有短，一长划表示4米/秒，一短划表示2米/秒。一个小三角旗表示20米/秒。

（a）西南风（SW），8米/秒　　　（b）东北风（NE），6米/秒　　　（c）北风（N），20米/秒

图11.3　风矢示意图

学会这种风向风速表达方法，你就可以通过分析地面天气图、高空天气图了解到本地区吹什么风，被什么性质的气流控制，如冬天吹强劲的西北风，受干冷空气控制，则本地区温度低、湿度小；又如夏天吹东南风，受暖湿的气流控制，则本地区温度较高、湿度大。我们还可以分析天气图的风向突变情况（专业叫风向切变），判断本地区将受什么天气系统（如槽线、切变线等）控制，会出现什么样的天气。所以风是气象业务人员重点关注的气象要素之一。

❺ 风向是指风的来向还是去向呢?（　　）

　　A.来向　　　　　　　　B.去向

五　降水的观测

　　降水量是指一定时段内液态或固态（经融化后）降水，未经蒸发、渗透、流失而在水平面上累积的深度，以毫米为单位。单纯的霜、露、雾和雾凇等，不做降水量统计。气象部门根据24小时（或12小时）累积降雨量将降雨分为以下几个等级，如表11.2。

表11.2　降雨等级表

等级	12小时降雨量（毫米）	24小时降雨量（毫米）
微量降雨（零星小雨）	＜0.1	＜0.1
小雨	0.1～4.9	0.1～9.9
中雨	5.0～14.9	10.0～24.9
大雨	15.0～29.9	25.0～49.9
暴雨	30.0～69.9	50.0～99.9
大暴雨	70.0～139.9	100.0～249.9
特大暴雨	≥140.0	≥250.0

帮助记忆

通常以24小时累积降雨量划分，10毫米就达到中雨，25毫米就达到大雨，50毫米就达到暴雨，100毫米就达到大暴雨，250毫米就达到特大暴雨，数值都与5的倍数有关。

　　雨量器是观测降水量的仪器，它由雨量筒与量杯组成（图11.4）。雨量筒用来承接降水物，它包括漏斗口、漏斗、外套筒、储水瓶，其中的储水瓶用来收集降水。量杯为一特制的有刻度的专用量杯，有100分度，每1分度等于雨量筒内水深0.1毫米。

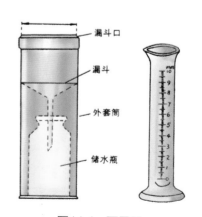

图11.4　雨量器

❻ "暴雨"是指24小时累积降水量达到多少毫米?( )

A.25.0　　　　　　B.50.0　　　　　　C.75.0

六　气压的观测

气压,是大气压强的简称,指在任何表面的单位面积上,空气分子运动所产生的压力。气压的大小同高度、温度、密度等有关,一般随高度增高按指数律递减。

在气象上,通常用测量高度以上单位截面积的铅直大气柱的重量来表示。常用单位有毫巴(mbar)、毫米水银柱高度(mm·Hg)、帕(Pa)、百帕(hPa)、千帕(kPa),其间换算关系是:1毫米水银柱高度=4/3毫巴,1毫巴=100帕=1百帕=0.1千帕。国际单位制通用单位为帕。

测量气压的仪器常用的有:水银气压表、空盒气压表、气压计。

❼ 气象上常用的大气压单位是什么?( )

A.米/秒　　　　　　B.毫米　　　　　　C.百帕

七　云的观测

云是由悬浮在空气中的大量水滴和冰晶组成的可见聚合体,底部不接触地面(如接触地面则为雾),且具有一定的厚度。在常规气象观测中一般要测定云高和云量。

云量是指云遮蔽天空视野的成数。将天空划分为 10 份,为云所遮蔽的份数即为云量。例如,碧空无云,云量为 0;天空一半为云所覆盖,则云量为 5。

八　能见度的观测

能见度是反映大气透明度的一个指标,指物体能被正常视力看到的最远距离,也指物体在一定距离时被正常视力看到的清晰程度。单位用米(m)或千米(km)表示。测量大气能见度一般可用目测的方法,也可以使用大气透射仪、激光能见度自动测量仪等测量仪器测试。

能见度和当地的天气情况密切相关。在空气特别干净的北极或是山区,能见度能够达到70~100千米。由于大气污染以及空气湿度大等原因,能见度会有所降低。影响能见度的气候条件有霾（干）、雾（湿）、降雨、降雪等。如当霾天气出现时，大量极细微的干尘粒浮游于空中，使大气浑浊，能见度小于10千米，它使远处光亮物体稍带黄、红色，而使黑暗物体稍带蓝色。霾严重影响水平能见度，进而影响交通运输。

互动提升答案

| ❶ C | ❷ D | ❸ A | ❹ A | ❺ A | ❻ B | ❼ C | |

第十二章 识别天气系统

通过分析天气图，找出各种天气系统，并根据天气系统的发展和移动情况，才能做出天气预报。下面，先介绍常见的天气系统，再介绍如何用天气图的等值线找出各种天气系统。

一 天气系统

（一）含义

天气系统是指具有一定的温度、气压或风等气象要素空间结构特征的大气运动系统。在流场上有气旋、反气旋、切变线、辐合带、台风、急流、飑线、龙卷等；在气压场上有低压、高压、低压槽、高压脊等；在温度场上有气团、锋等；在湿度场上有干区、湿舌、露点锋等；各种气象要素场相结合的有冷高压、热低压、冷槽、暖脊、能量锋等；特定天气现象的天气系统有雷暴、雹暴、云团等。

（二）分类

按照水平范围的大小和生存时间的长短，可将天气系统分为不同的尺度。尺度划分的标准目前无统一规定，表12.1给出一示例。

表12.1 天气系统分类

系统名称	水平尺度	生命史	举例
行星尺度天气系统	3000~10000千米	3~10天	阻塞高压、副热带高压等
天气尺度天气系统	几百千米到几千千米	3~5天	高空槽、气旋（低压）、反气旋（高压）、锋、台风等
中尺度天气系统	几十至二三百千米	一到十几小时	飑线、龙卷、对流单体、多单体风暴、超级单体风暴、下击暴流等，常常引发暴雨、冰雹、龙卷、雷暴大风
小尺度天气系统	几百米到几十千米	几十分钟至二三小时	

有时把大于或等于天气尺度的天气系统统称为大尺度天气系统。

之所以介绍上述各种尺度系统，是希望读者了解各种不同尺度的天气系统有其不同的特性，如龙卷是小尺度天气系统，出现时间很短，范围不大，所以发生时可能只有局部地区的人可以遇到。如果我们知道或预测本地区受什么尺度天气系统影响，就会大约知道对应的天气现象会持续时间多长、影响范围多大。当然，各种尺度天气系统之间是互相联系、互相制约的，也可互相转化。小系统往往在大系统孕育下发展，小系统成长壮大后又给大系统以反作用。因此，掌握天气系统结构及其变化规律对预报天气变化和认识气候的形态与特点都是极其重要的。

互动提升

❶ 强对流天气指的是发生突然、天气剧烈、破坏力极强的强烈对流性灾害天气，在气象上属于（　　）天气系统。

A.行星尺度　　　　　　B.大尺度　　　　　　C.中小尺度

二　气旋和反气旋

各种尺度的气旋与反气旋是造成大气中千变万化的天气现象的重要天气系统。因此，研究气旋和反气旋的发生和发展规律是天气分析预报的一项重要任务。

（一）含义

气旋也被称为低压，前者是按气流场命名，后者是按气压场命名。同理，反气旋也被称为高压。下面从气压差角度分析低压（气旋）与高压（反气旋）的特征。

1. 低压（气旋）

低压，指相对周围气压较低的地区，其中气压最低的地方，叫作"低气压中心"（图12.1）。

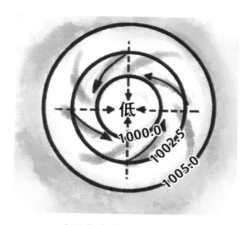

（a）气旋（低压）俯视图

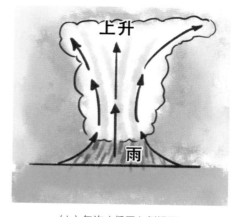

（b）气旋（低压）侧视图

图12.1　北半球气旋结构图

按照第一章的介绍，气体会从高压区流向低压区，因此四周气压较高地方的空气都会汇流到中心来（专业叫"辐合"），这正好像四周高山上的水都汇集到盆地中心去一样。但因受地转偏向力的影响，在北半球大气向中心汇流时会发生右偏现象，从而导致北半球低压区气流做逆时针方向流动，在南半球做顺时针方向流动。即北半球低压区的大气既对内吹进，同时又逆时针方向流动；同时，吹进来的空气汇合后会上升，形成上升的气流，导致天气不好。我们把在同一高度上中心气压低于四周的大尺度涡旋叫作气旋，而气旋也被称为低压。

2. 高压（反气旋）

高压，指相对周围气压较高的地区，其中气压最高的地方，叫作"高气压中心"（图12.2）。气体会从高压区流向低压区，所以高压大气自中心向外围流散（专业叫"辐散"），但因受地转偏向力的影响，在北半球大气向外流散时会发生右偏现象，从而导致北半球高压区气流做顺时针方向流动，在南半球做逆时针方向流动。即北半球高压区的大气既对外流散，同时又顺时针方向流动；在对外流散的同时，发生填补现象，导致该区上空产生下沉气流作补充。

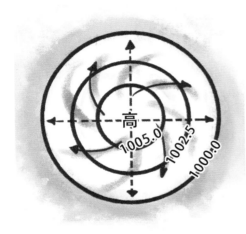

（a）反气旋（高压）俯视图

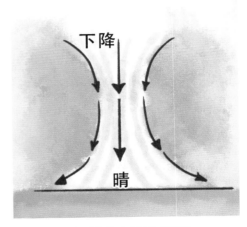

（b）反气旋（高压）侧视图

图12.2　北半球反气旋结构图

再看图1.10，尽管闭合的高压区曲线不是标准的圆形曲线，有点歪歪扭扭，但是气流仍然是大约按顺时针方向顺着曲线流动的。你可能会问，为什么要关注气流方向？因为不同的气流方向会带来不同性质的空气（专业叫作"气团"），导致不同的天气现象。因此，当我们看地面天气图时，要先找出高、低压区，然后按照高、低压（或气旋和反气旋）气流旋转方向，可大致判断出各地区气流方向。为了加深气旋、反气旋气流旋转方向的直观认识，建议多把天气图与流场图，或Earth Nullschool网站（全球天气可视化模拟网）风速流动方向做对比观察。

（二）分类

1. 气旋

根据气旋形成和活动的主要地理区域，可分为温带气旋和热带气旋两大类；按其形成及热力结构，则可分为无锋面气旋和锋面气旋两大类。

无锋面气旋有：

（1）热带气旋——发生在热带洋面上强烈的气旋性涡旋。当其中心风力达到12级及以上时，称为台风或飓风。

（2）地方性气旋——由于地形作用或下垫面的加热作用而产生的地形低压或热低压。这种低压基本上不移动。另外，在锋前也常出现一种锋前热低压。

2.反气旋

根据反气旋形成和活动的主要地理区域，可分为极地反气旋、温带反气旋和副热带反气旋；按热力结构则可分为冷性反气旋和暖性反气旋。

（1）冷性反气旋

活动于中高纬度大陆近地面层的反气旋多属此类，习惯上多称为冷高压。当冷高压主体从北方或西北方南下达到一定纬度而后静止时，它的前方常以"扩散"形势扩散出一股股冷空气向偏南方向移动，在气压上表现为小的冷高压或高压脊，它们一般移动很快。锋面气旋的冷锋后面的小高压即属此类移动性的冷高压。冬半年强大的冷高压南下，可造成24小时降温超过10 ℃的寒潮天气。

（2）暖性反气旋

出现在副热带地区的副热带高压多属此类。北半球的副热带高压主要有太平洋高压和大西洋高压。副热带高压较少移动，但有季节性的南北位移和中、短期的东西进退。

互动提升

❷ 由闭合等压线构成的（　　）区内，气压从中心向外增大。

　　A.气旋　　　　　　　B.反气旋

❸ 气旋是大气中水平气流旋转而形成的大型涡旋，请说出北半球气旋的旋转方向。（　　）

　　A.逆时针旋转　　　B.顺时针旋转　　　C.视气压情况而定

❹ 赤道上没有气旋和反气旋的原因是（　　）。

　　A.没有地转偏向力　　　　　　　　B.空气对流显著

　　C.太阳辐射强　　　　　　　　　　D.水平面的气压梯度小

❺ 高压通常带来的天气是（　　）；低压通常带来的天气是（　　）。

　　A.晴朗；阴雨　　　B.阴雨；晴朗　　　C.大风；晴朗

❻ 干旱天气主要是在（　　）长期控制下形成的。

　　A.低压　　　　　　B.高压　　　　　　C.气旋　　　　　　　D.切变线

三 锋面

大家在观看电视节目《天气预报》时，经常能听到"锋面"这个词。当性质不同的两个气团，在移动过程中相遇时，它们之间就会出现一个交界面，这个面就叫作锋面。锋面与地面相交而成的线，叫作锋线（图12.3），也称为锋。所谓锋，可通俗理解为两种不同性质的气团的交锋。

由于锋两侧的气团性质上有很大差异，所以锋附近空气运动活跃，在锋中有强烈的升降运动，气流极不稳定，常造成剧烈的天气变化。因此，锋是重要的天气系统之一。

锋面在移动过程中，冷气团起主导地位作用，推动锋面向暖气团一侧移动，这种锋面称为冷锋（图12.4）。冷锋过境后，冷气团占据了原来暖气团所在的位置，气温下降，气压上升，天气多转晴好。

锋面在移动过程中，若暖空气起主导作用，推动锋面向冷气团一侧移动，这种锋面称为暖锋（图12.5）。暖锋过境后，暖气团就占据了原来冷气团的位置，气温上升，气压下降，天气多转云雨天气。

两个物体相撞，谁块头大谁就能把对方顶回去，冷锋、暖锋就是这样分类的。但无论冷锋还是暖锋，冷、暖气团相遇后，一定是暖空气被迫抬升后才有可能产生降水，所以我们说冷锋的降水区是在锋后，暖锋的降水区在锋前。

当冷暖气团势力相当，锋面移动很

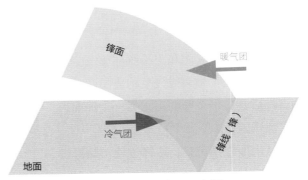

图12.3　锋与锋面示意图

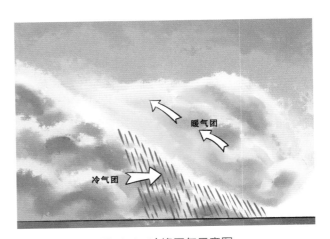

图12.4　冷锋天气示意图

图12.5　暖锋天气示意图

慢时，称为准静止锋（图12.6）。事实上，绝对的静止是没有的。在这期间，冷暖气团同样是互相斗争着，有时冷气团占主导地位，有时暖气团占主导地位，使锋面来回摆动。

暖气团、冷气团和更冷气团（三个性质不同的气团）相遇时先后构成的两个锋面，然后其中一个锋面追上另一个锋面，即形成锢囚锋（图12.7）。

从上面介绍可知，冷锋过境与暖锋过境后气温与天气的变化是不同的。所以，当我们看天气预报时，听到冷锋或暖锋这些专业名词时，脑子要想起代表什么天气现象。

这4种锋面，在地面天气图上的图像表达方式分别如图12.8所示。

（一）锋面位置的判断

锋面出现在低压槽中，锋线往往与低压槽线重合。这是因为水平气流在低压槽中辐合，冷暖气团在此相遇，而高压脊中水平气流辐散，冷暖气流不可能在此相遇，不可能形成锋面。

（二）锋面类型的判断

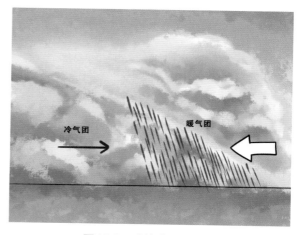

图12.6　准静止锋示意图

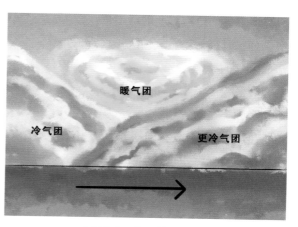

图12.7　锢囚锋示意图

判断锋面是冷锋还是暖锋，要看冷暖气团的移动方向。冷气团主动向暖气团移动形成冷锋；暖气团主动向冷气团移动形成暖锋。一般来说，从高纬移来的气团是冷气团，从低纬移来的气团是暖气团，然后就可以根据气团的移动方向判断出锋的类型。

图12.8　地面天气图上各种锋面的表达方式

比较项目		冷锋	暖锋
概念		冷气团主动向暖气团移动的锋	暖气团主动向冷气团移动的锋
气团位置		冷气团在锋下	暖气团在锋上
降水区位置		主要在锋后	锋前
天气特征	过境时	阴天、刮风、降温、雨雪	云层增厚，连续性降水
	过境后	气温下降、气压升高、天气转晴	气温上升、气压下降、天气转晴
我国典型的锋面天气		北方夏季的暴雨，冬春季节的大风沙暴，冬季寒潮	华南地区，春暖天晴，春寒雨起
解释典型现象		一场秋雨一场寒	一场春雨一场暖

互动提升

❼ 大气中不同属性的气团（如冷气团和暖气团）之间的倾斜界面称为（　　）。
　A.锋面　　　　　　B.锋线　　　　　　C.飑线

❽ 雨区一般出现在冷锋的锋（　　）和暖锋的锋（　　）。
　A.前；前　　　　B.后；后　　　　C.前；后　　　　D.后；前

❾ 当冷空气前锋到达以后，通常气温骤降，气压（　　）。
　A.骤降　　　　　B.变化不大　　　　C.骤升

❿（　　）上多风雨激烈的天气，锋后多大风降温天气。
　A.冷锋　　　　　B.暖风　　　　　C.静止锋

⓫ "天雨初晴,北风寒彻"是下列何种天气系统造成的?（　　）
　A.暖锋过境　　　B.冷锋过境　　　C.准静止锋过境　　　D.热带海洋气团影响

四 低压槽和高压脊

（一）地面天气图的低压槽和高压脊

高压脊是天气图上高压向外伸出的狭长部分，或一组未闭合的等压线向气压较低的方向突出的部分。在脊中，各等压线弯曲最大处的连线叫脊线。气压沿脊线最高，向两边递减。脊附近的空间等压面，类似山脊。反之，低压槽就是低压区向外伸出的狭长部分，或一组未闭合的等压线向气压较高的方向突出的部分（图12.9）。

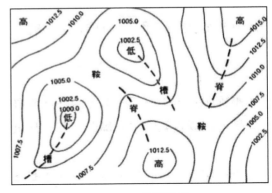

图12.9 槽脊示例

（二）高空天气图的低压槽和高压脊

高空天气图上等高线呈波浪曲线，气流总体从西流向东，这就是西风带。波浪的低谷区就是低压槽，气流做逆时针方向旋转，气压分布是中间低、四周高，空气自外界向槽内流动，槽内空气辐合上升，形成阴雨天气。波浪的高峰区就是高压脊，气流做顺时针方向旋转，气压分布是中间高、四周低，空气自中心向外辐散，脊内盛行下沉气流，一般天气晴好。图12.10的棕色线为高空槽线，两条槽线之间的波峰就是高压脊区。

按槽线的走向可分为竖槽和横槽。竖槽为南北向的槽，槽前为暖湿的西南气流（把南方潮湿空气带到北方），槽后为干冷的西北气流（把北方干冷的空气带到南方），故槽前常有阴雨天气，而槽后为晴好天气。横槽为近似东西向的槽，横槽后部有大量冷空气堆积，一旦横槽转竖，将迅速引导一次强冷空气南下（即由横槽后的堆积转为竖槽的西北气流），带来大风、降温、降水天气。

根据波动的幅度，槽可分为长波槽和短波

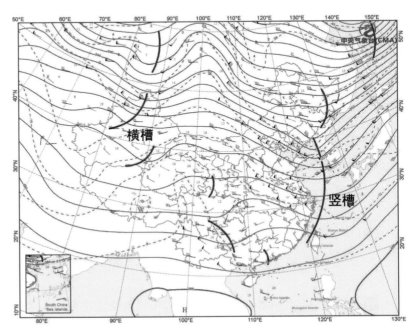

图12.10 高空天气图示例

槽。长波槽指波长较长、振幅较大、移动较慢、维持时间较长的槽，其造成的天气也较强；短波槽则是波长短、振幅小、移动快、维持时间短的槽，若无其他影响系统配合，造成的天气也不明显。

高空的槽脊系统与地面的天气变化有密切的关系。如在北半球的西风带里，高空槽前一般吹西南风，这种风能把孟加拉湾和印度洋上空的暖湿空气输送到中国中纬度地区，为形成云雨创造了条件。而高空槽后（即高压脊前）一般吹西北风，地面是一个高气压区，天气由阴转晴。

所以，各位读者要熟悉各种天气系统对应的流场，当看天气预报分析提到某个系统时脑海要有这个系统的流场，这样才容易理解为什么预报未来会有某种天气的发生。

帮助记忆

槽前天气差，脊后天气好。

互动提升

❷ 低压槽是从（　　）中延伸出来的狭长区域。

A.低气压区　　　　B.高气压区　　　　C.鞍形场　　　　D.气团

❸ 在高空槽后有（　　）。

A.上升运动　　　　B.下沉运动　　　　C.气流辐合

五 切变线

（一）切变线含义

切变线主要是相对流场而言的一种天气系统，是风场中具有气旋式切变的不连续线（图12.11）。其两侧的风矢量平行于该线的分量有突变。它常和地面锋系配合，是主要降水天气系统之一。

冷式切变线　　　　　　暖式切变线　　　　　　准静止式切变线

图12.11　切变线

（二）切变线影响

切变线是风向或风速发生急剧改变的狭长区域。切变线与锋不同，在切变线两侧温度差异不明显；但风的水平气旋式切变很大。切变线在地面和高空都可出现，但主要出现在700百帕和850百帕的高空。

切变线上的气流呈气旋环流，水平辐合明显，有利于上升运动，易产生云雨天气，长江中下游地区是最容易出现切变线的区域。切变线南侧是暖湿气流，北侧是冷空气，两者相遇便产生了风切变，降水最强的区域位于切变线靠近暖区的一侧。

切变线的移动一般与南北气流强弱有关，当北侧系统占优势，位置南移；反之，向北移。若两者势力相当，则呈准静止状态。切变线一般可维持数天，随着其南北气流的不均衡而向南或向北移动，在移动过程中，逐渐消失或转成西风槽而消失。

（三）槽线与切变线的区别

槽线是从气压场的角度讲的，是气压场的特征线，是低压区各等高线的曲率最大点的连线；而切变线是从风场的角度讲的，是风场的特征线，是风的不连续线，线两侧风向或风速具有明显的气旋性切变。在槽线和切变线两侧，风向都具有明显的气旋性切变，但在槽线的两侧有明显的温度差异和风向的转变。如果在某一地区范围内，只有风的转变，没有明显的温度差异，这就叫"切变线"。槽线和切变线附近都有气流辐合上升运动，是天气变化剧烈的区域，是分析的重点项目之一。当槽线所在地带测风记录少时，要注意适当参考温度、露点以及云和降水区的分布、变化情况。在一般情况下，槽前的温度、露点较高，云和降水较多，而槽后的温度、露点较低，云和降水明显减少。

📡 观测实践

平常多浏览天气网站或微信号，学习专业人士是如何分析天气系统的。然后留意未来几天的天气变化是否与分析相符，如果相符，总结一下是抓对了什么天气系统促使预报准确；如果不相符，回看当天是不是还有什么天气系统没有注意到，或是这几天整个天气形势发生了什么急剧变化。经过一段时间的跟踪研究，相信你天气分析能力会有很大的提高。

📊 互动提升

⑭ 在空中等压面图上分析的槽线和切变线，它们的相同之处在于（　　）。
　　A.两侧都有较大的风切变　　　　　B.两侧都有较大的气压差
　　C.它们都位于低压槽中

⑮ 槽线和切变线在空中等压面图上是用什么线来表示（　　）。
　　A.棕色实线　　　　B.黑色实线　　　　C.红色实线

六 辐合带

赤道辐合带又称热带辐合带，它是南、北半球两个副热带高压之间气压最低且气流汇合的地带，也是热带地区主要的、持久的大尺度天气系统，尺度有时甚至可以环绕地球一圈（图12.12）。它的移动、变化及强弱对热带地区的长、中、短期天气变化影响极大。台风的发生和发展与赤道辐合带也有极密切的关系。

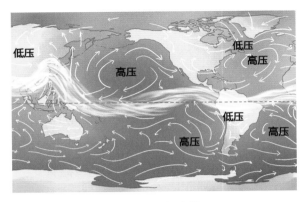

图12.12　辐合带

七 热带扰动

热带地区约占全球面积的一半左右，其中海洋约占四分之三，该地区所接受的太阳辐射能超过反射回太空的许多倍，其净收入的热量是驱动全球大气环流的重要能量来源，同时高温洋面的水汽蒸发也是全球大气的重要水汽来源。因此，发生在热带地区的大气过程，不仅仅具有地区性的天气意义，而且对全球的大气过程具有重要的作用。

热带扰动是热带气旋的胚胎状态，是一群没有明显组织的雷暴云。可能有机会发展成热带气旋，也可能是热带气旋减弱后的残余。热带扰动是热带地区的重要天气系统。

八 台风

台风，是热带气旋的其中一个等级。通常，听到天气预报说"海面上有热带气旋生成"，就认为是"有台风来了"是不准确的。为什么说不准确，这要从热带气旋说起。

（一）热带气旋

1.定义

热带气旋，是发生在热带海洋上的强烈天气系统，它像在流动江河中前进的涡旋一样，一边绕自己的中心急速旋转，一边随周围大气向前移动。热带气旋在气压场来说是一个低压，在气流场来说是一个气旋，所以具有前面介绍过的低压、气旋的各种特性。如，低压辐合上升天气差，北半球气旋逆时针旋转，低压生成在热的地方。愈靠近热带气旋中心，气压愈低，风力愈大。但发展强烈的热带气旋，如台风，其中心是一片风平浪静的晴空区，即台风眼。

2.产生条件

热带气旋的生成和发展需要巨大的能量，因此它形成于高温、高湿和其他气象条件适宜的热带洋面。通俗地说，热带气旋是生成于海面上。

3.分级

表12.2给出了热带气旋的分级。

表12.2　热带气旋分级

底层中心附近最大风力	热带气旋等级
16级或以上	超强台风
14～15级	强台风
12～13级	台风
10～11级	强热带风暴
8～9级	热带风暴
6～7级	热带低压

当热带气旋底层中心最大风力达到12级时，才被称为台风。所以，有热带气旋时就说有台风是不准确的。底层中心最大风力为14～15级时，称强台风，16级或以上称超强台风。

"飓风"和"台风"都是指底层中心最大风力达到12级的热带气旋，只是因生成的地域不同而有了不同的名称。生成于西北太平洋和我国南海的强烈热带气旋被称为台风；生成于大西洋、加勒比海以及北太平洋东部的则称飓风。

龙卷与台风又有什么区别呢?（1）天气系统不同：龙卷是小尺度天气系统，台风是大尺度天气系统。(2)特点不同：北半球的龙卷大多数以逆时针旋转，但也存在例外的情况；而北半球台风只能以逆时针旋转。(3)生命期不同：龙卷生命史只有几小时，台风则为几天—十几天。(4)威力不同：龙卷风力比台风更大，破坏力更强，但破坏范围小。

（二）台风路径

北半球台风集中生成在7—10月，尤其以8月、9月为最多。在北太平洋西部地区出现的台风并不都在我国登陆。在我国登陆的台风，平均每年6～7个，最多有11个，最少有3个，且集中在7—9月，约占各月登陆台风总次数的80%。

台风路径就是台风中心点移动的轨迹，是台风天气分析和预报中最关心的问题之一，因为不同的路径会对各地产生不同的影响。在西太平洋地区，影响我国的台风大致有3条路径（图12.13）。第一条是偏西路径，台风经过菲律宾或巴林塘海峡、巴士海峡进入南海，偏西行一直到广东西部沿海、海南岛或越南一带登陆，沿此路径移动的台风，对我国海南、广东、广西沿海地区影响最大，经常在春、秋季发生。第二条是西北路径，从菲律宾以东洋面向西北方向移动，经巴士海峡登陆台湾，再穿过台湾海峡向广东东部或者福建沿海靠近，在台湾、福建、广

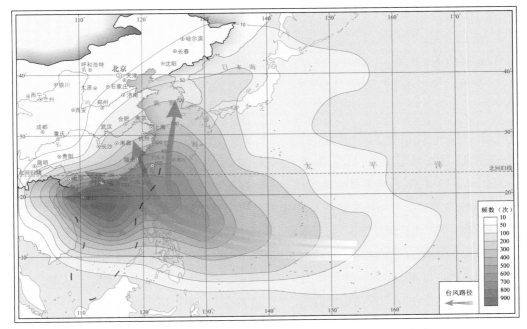

图12.13　影响中国的台风频数及主要路径（1981—2010年）

东等一带沿海登陆。如果台风的起点纬度较高，就会穿过琉球群岛，在我国浙江、上海、江苏一带沿海登陆，甚至到达山东、辽宁一带。沿此路径移动的台风对我国台湾省、广东省东部和福建省影响最大。第三条是转向路径，台风从菲律宾以东的海面向西北移动，在25°N附近转向北方，这条路径有可能影响我国华北及东北地区。以上3条路径是典型的情况，不同季节盛行不同路径，一般盛夏季节以登陆和转向路径为主，春秋季则以西行和转向为主。

台风登陆点怎样确定？台风路径和海岸线相交的一点即为登陆点，相交的那一瞬间即为台风登陆的时间。从专业角度来看，台风登陆点不是最重要的，但往往成为公众和社会媒体关注的焦点。其实，台风未来会给哪些区域带来多大的风和降雨、会不会出现风暴潮等方面更值得关注。

台风登陆后为什么强度会减弱？有两个原因：其一，台风登陆后，陆地阻碍物过多，高低起伏，对台风有很大摩擦，损耗了能量，导致台风势力迅速减弱；其二，台风是在热带或温带形成的低压气旋，在海上不断有水汽补充增强其势力，登陆后，水汽补充迅速减少，也是导致台风减弱的原因。

那么，台风登陆后为什么强度减弱而暴雨不减？在高空，来自海洋上高温高湿的空气仍然在上升和凝结，不断制造出雨滴来。如果潮湿空气遇到大山，山的迎风坡还会迫使它加速上升和凝结，那里的暴雨就更凶猛了。

一般来说，公众对很多天气现象甚至是天气灾害，都只注重它们带来的负面影响，其实有些还是有正面影响的。以热带气旋为例：

（1）带来雨水：热带气旋为干旱地区带来重要的雨水。据统计，包括我国在内的东南亚各国和美国，台风降水量占这些地区总降水量的四分之一以上，如果没有台风，这些国家的农业困境不堪设想。

（2）热量平衡：热带气旋亦是维持全球热量和动量平衡分布的一个重要机制。热带气旋把太阳投射到热带的能量，带到中纬度及接近极地的地区。

（3）减低污染：热带气旋强劲的风力，可以吹散高污染地区的污染物，减轻高污染地区的污染程度。

（三）台风命名

1997年11月25日至12月1日，在香港举行的世界气象组织（World Meteorological Organization，WMO）台风委员会第30次年度会议决定，西北太平洋和南海的热带气旋采用具有亚洲风格的名字命名，并决定从2000年1月1日起开始使用新的命名方法，确立一张新的命名表，旨在帮助人们防台抗灾、加强国际区域合作。这张新的命名表共有140个名字，分别由世界气象组织所属的亚太地区的11个成员国和3个地区提供，按顺序分别是柬埔寨、中国、朝鲜、中国香港、日本、老挝、中国澳门、马来西亚、密克罗尼西亚、菲律宾、韩国、泰国、美国以及越南。这套由14个成员提出的140个台风名称中，每个国家或地区提出10个名称。编号中前两位为年份，后两位为热带风暴在该年生成的顺序。例如，"0704"即2007年第4号热带风暴。一般情况下，事先制定的命名表按顺序年复一年地循环重复使用。

台风的命名，多用"温柔"的名字，以期待台风带来的伤害能小些，但是世界台风委员会有一个规定，一旦某个台风对于生命财产造成了特别大的损失或人员伤亡而声名狼藉，该名字就会从命名表中删除，也就是将这个名称永远命名给这次热带气旋。这样，就必须要补充一个新名字加入命名表。空缺的名称则由原提供国或地区再重新推荐，需在第二年之前将新名称提交至台风委员会，台风委员会将根据相关成员的提议，对热带气旋名称进行增补。

帮助记忆

台风路径大致分为三种：偏西路径、西北路径、转向路径。

互动提升

⑯ 台风生成于（　　）。
　　A.热带洋面　　　　B.温带洋面　　　　C.高山　　　　D.热带雨林

⑰ 热带气旋根据强度来划分，以下等级最低的为（　　）。
　　A.热带低压　　　　B.热带风暴　　　　C.台风　　　　D.飓风

⑱ 影响我国的台风一般多发生在（　　）。
　　A.春季　　　　B.夏秋季　　　　C.冬季

⑲ 发生在北太平洋西部和南海海域，中心附近最大平均风力（　　）的热带气旋称为台风。

　　A.6 级　　　　　　　B.7 级　　　　　　　C.≥12 级

⑳ 热带气旋按照强度的不同，依次可分为热带低压、热带风暴、强热带风暴、（　　）、强台风和超强台风6个等级。

　　A.台风　　　　　　　B.超强风暴　　　　　　C.弱台风

㉑ 台风影响时，广州气象台没有解除台风警报，有时会出现风平浪静的情况，同学们是否可以到外面尽情地玩?（　　）

　　A.不可以（有可能在台风眼内，稍后猛烈的风雨会从另一个方向袭来）

　　B.危险已过，可以玩　　　　　C.危险在减小，可以玩

九　副热带高压

　　副热带高压，又称"亚热带高压""副热带高气压""副热带高压脊"，是指位于副热带地区的暖性高压系统。在南、北半球的副热带地区，由于海陆的影响，高压带常断裂成若干个高压单体，形成沿纬圈分布的不连续的高压带，统称为副热带高压。在副热带高压的多个单体中，对我国天气与气候有着重要影响的是西太平洋副热带高压，所以我们只介绍西太平洋副热带高压，以下简称"副高"。

　　副热带高压是高压的一种，因此具有高压特性。副热带高压内部盛行下沉气流，天气晴好，当副热带高压长时间控制某一地区时，往往会造成该地区干旱（图12.14）。西太平洋副

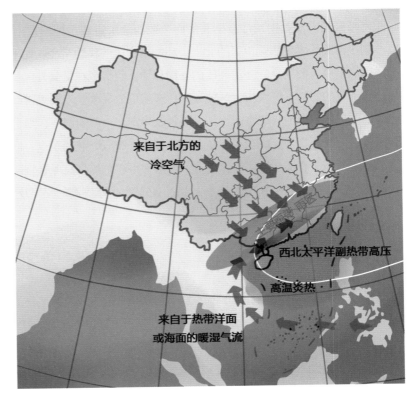

图12.14　副热带高压概述图

热带高压的北侧是中纬度西风带，也是副热带锋区所在，副热带高压西部的偏南气流可以从海面上带来充沛的水汽，并输送到锋区的低层，在副热带高压的西到北部边缘地区形成一暖湿气流输送带，向副热带高压北侧的锋区源源不断地输送高温高湿的气流。当西风带有低槽或低涡移经锋区上空时，在系统性上升运动和不稳定能量释放所造成的上升运动的共同作用下，使充沛的水汽凝结而产生大范围的降水形成雨带，通常还伴有暴雨。根据统计，雨带位置一般在副热带高压脊线以北6~10个纬度处，其走向大致和脊线平行。副高的南侧为东风气流，当无气旋型环流时，一般天气晴好，若有东风波、台风等热带天气系统活动时，则常出现云、雨、雷暴，有时有大风、暴雨等天气。

因此，西太平洋副高对我国天气的影响十分重要，副高脊线、西伸脊点的位置，以及副高的形状（带状或块状）成为天气形势分析的重点。通常用500百帕图上的588位势什米高度线来分析副高的特征。（1）副高脊线：找出东南风与西南风的拐点，这些拐点的连线，就是副高脊线，我国常用120°E上副高脊线所在的纬度的变化来表示副高的南北移动。（2）副高西伸脊点：指588位势什米高度线最西端所在经度，用来表示副高西伸东退情况。

副热带高压会出现3次北跳，随着北跳，副热带高压北侧雨区也从华南北上到长江流域再到黄淮流域。平均来说，当副高脊线位于20°N以南时，雨带位于华南，称为华南雨季或华南前汛期雨季；当副高脊线位于20°~25°N时，雨带位于江淮流域，这时为江淮梅雨季节；当脊线位于25°~30°N时，雨带推进至黄淮流域，黄淮雨季开始；当副高脊线越过30°N，则华北雨季开始。故要密切注意副高的西（或西北）进或东（或东南）撤。

副热带高压不仅影响雨区的北上，还影响台风的移动路径。太平洋上的台风，多产生于西太平洋副热带高压的南缘，并沿高压的外围移动。但台风在受其外围气流"操纵"的同时会给副热带高压一定的影响，特别当台风强大时，影响更为显著。当副热带高压呈东西带状，且强度比较强时，位于其南侧的台风将西行，且路径较稳定。一般情况下，当台风移到西太平洋副热带高压西南侧时，高压脊便开始东退；在台风北行时，高压脊继续东退；而当台风越过脊线后，则位于台风南侧的高压脊又开始西伸。还有，当西太平洋副热带高压脊较弱时，台风可穿过其脊，使脊断裂。所以，在预测热带气旋移动时，我们必然要留意副高的强度及它的脊线位置等。

🔗 互动提升

❷❷ 天气预报中常提到副热带高压，副热带高压控制的区域常为（　　）天气。

A.多雨　　　　　B.晴热　　　　　C.凉爽

❷❸ 从1月到7月，副热带高压主体呈现出（　　）移动和强度增强的趋势，进而影响我国的天气变化。

A.向北、向西　　　B.向北、向东　　　C.向南、向西

㉔ 位于西太平洋的副热带高压对我国的天气影响很大，它是一个（　　）系统。

　　A.冷性高压　　　　B.暖性高压　　　　C.暖性低压

十　南亚高压

　　南亚高压又称"青藏高压""大陆副高"和"亚洲季风高压"，是夏季见于青藏高原对流层上层表现最强的暖性高压，也就是说它是高空的季节性庞大暖高压系统（图12.15）。它虽然生成于副热带，但与一般的副热带高压的动力性质和生成机制并不完全相同。它是由于夏季高原上低层为热低压，低层气流辐合上升，高层空气质量堆积产生辐散而形成的高压。高压的下层存在上升运动，多对流性天气，是南亚高压独特的结构特征。据研究，它的进退活动与中国东部地区的旱涝关系十分密切。

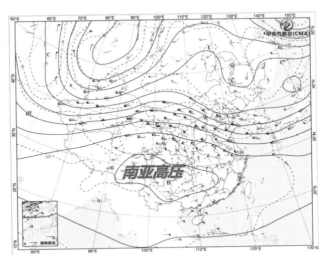

图12.15　南亚高压示例

互动提升

㉕ 以下不属于南亚高压特征的是（　　）。

　　A.具有行星尺度的反气旋环流特征　　　　B.是对流层上部的暖高压

　　C.具有独特的垂直环流　　　　D.是一个稳定而少动的深厚系统

十一　阻塞高压和切断低压

　　阻塞高压是发生在中高纬度地区的大尺度持续性环流异常系统。在北半球中纬度西风带的长波槽脊发展演变过程中，脊后出现暖平流北上，脊不断北伸，当到达一定的纬度，其暖空气供应会被冷空气切断，使得这团暖空气被冷空气包围而形成阻塞高压（图12.16）。

　　阻塞高压的建立和崩溃，常常伴随着一次大范围甚至半球范围的环流形势的剧烈转变。它的建立，标志着纬向环流向经向环流转变；它的持续，标志着经向环流处于强盛阶段；它的崩溃，标志着经向环流向纬向环流转变。

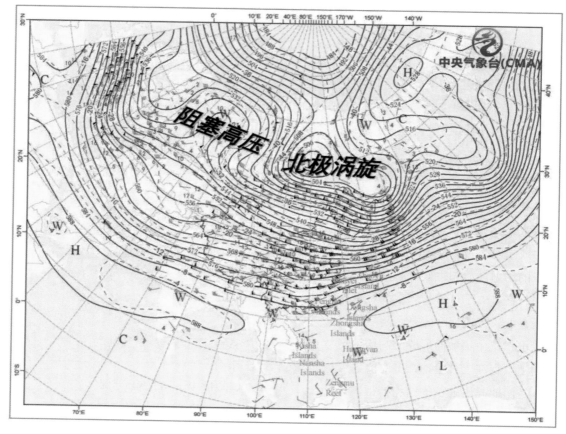

图12.16　阻塞高压示例

　　阻塞高压影响大范围地区的天气和气候，它的长时期持续可以给大范围地区带来干旱或连阴雨，造成气候异常。在冬季，阻塞高压的破坏与寒潮的爆发密切相关。亚洲地区，乌拉尔山和鄂霍次克海地区常有阻塞高压，当它们稳定维持时，我国南方多连阴雨，冬季多雨雪冰冻天气；当乌拉尔山阻塞高压减弱崩溃时，常引起我国寒潮爆发。由此可见，阻塞高压的建立、持续和崩溃对我国的天气和气候有着十分重要的影响。

　　天气图上，在槽不断向南加深时，高空冷槽与北方冷空气的联系会被暖空气切断，在槽的南边形成一个孤立的闭合冷性低压中心，叫切断低压。它常常和阻塞高压相伴生成，并位于阻高的东南或西南侧，与阻高共同构成了大气环流中阻塞形势，即阻挡着上游波动向下游传播，对其控制下的上下游大范围地区的环流天气过程有重要影响。

　　我国最常见的切断低压是东北冷涡。它一年四季都可能出现，而以春末、夏初活动最频繁。它的天气特点是造成低温和不稳定性的雷阵雨天气。东北冷涡的西部，因为常有冷空气不断补充南下，在地面图上常表现为一条条副冷锋向南移动，有利于冷涡的西、西南、南至东南部发生雷阵雨天气，而且类似的天气可以持续几天重复出现。

十二 低空急流

低空急流是指出现在600百帕以下的一支风速大于12米/秒的强风带，即对流层低层出现的强而窄的气流。850百帕以下的低空急流有明显的日变化，一般在日落时开始增大，到凌晨日出前最大。

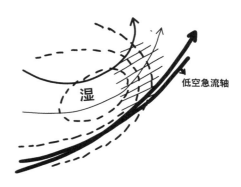

图12.17　低空急流与降水区域

低空急流有以下3个方面的作用：

（1）其最大风速轴与最大水汽轴一致，因此低空急流可向北方输送大量的水汽，也就是说通过底层暖湿平流的输送，使被输送区有大量暖湿气流，造成该区天气不稳定。

（2）在急流最大风速中心的前方有明显的水汽辐合和质量辐合或强的上升运动，有利于强对流活动连续发展。

（3）急流轴左前方是气旋区，有利于对流活动发生，所以大雨或暴雨区常出现在急流轴的左前方（图12.17）。

所以，暴雨和强暴雨出现前期经常有低空急流发展。

 帮助记忆

低空急流输送暖湿气流为降水提供充足的水分和产生不稳定形势。

互动提升

㉖ 强降水往往发生在低空急流的（　　）

A.左前侧　　　　　　　B.右前侧　　　　　　　C.急流头前部

互动提升答案

❶ C	❷ A	❸ A	❹ A	❺ A	❻ B	❼ A	❽ D
❾ C	❿ A	⓫ B	⓬ A	⓭ B	⓮ A	⓯ A	⓰ A
⓱ A	⓲ B	⓳ C	⓴ A	㉑ A	㉒ B	㉓ A	㉔ B
㉕ D	㉖ A						

第十三章　认识天气图

实践表明，天气的变化与天气系统及其空间分布（即天气形势）的变化有密切关系，所以天气系统及天气形势的分析是天气预报的基础。天气预报就是应用大气变化的规律，根据当前及近期的天气形势，对某一地未来一定时期内的天气状况进行预测。目前气象台使用的天气预报方法，大体分为三类，即天气图预报法、数值预报法和数理预报法。其中天气图预报法是以天气图为基本工具的预报方法，它是目前大多数气象台采用的天气预报方法之一，也是最基本最传统的一种天气预报方法，气象部门向公众分析解读天气过程的基本素材也是天气图。因此，本章介绍如何认识天气图，帮助大家更好地看懂天气预报，逐步掌握天气形势分析思路。

一　天气形势

天气预报中经常会出现高压、低压的强度及其中心所在地理位置，高压脊、低压槽所控制的区域，或是雨、雪区分布的范围等，这些就是天气形势。

有些读者认为大范围的天气形势与自己所在地区的天气关系不大，所以只关心当地的晴雨、气温、风力等预报。其实，天气系统并不是静止不动的，它们往往会向一定方向移动。如高气压一般是由蒙古地区移向日本；低气压由西向东移动；发生在西太平洋上的台风通常由东向西或西北方向移动，从海洋向我国大陆靠近，有时会影响我国。由于天气系统在不断移动，因此，要做出较正确的天气预报，除了要掌握当地气象资料外，还必须掌握大范围的天气系统分布及其加强、减弱和移动状况。

二　等值线图

天气形势是如何表达和分析的呢？气象预报业务上主要是使用天气图，其次还使用卫星云图、雷达回波图等。天气图是指填有各地同一时间气象要素的特制地图，是目前气象部门分析和预报天气的一种重要工具，它是等值线图的其中一种。

等值线图又称等量线图，因图上所采用的表示方法是等值线法而得名，是以相等数值点的连线表示连续分布且逐渐变化的数量特征的一种图型。

等值线是用于连接各类等值点（如高度、温度、降水量或大气压力）的线。等值线因其所表示的现象不同而有不同的名称。如表示陆地地形的称为等高线；表示气温、水温等的称为等温线；表示降水量的称为等降水量线等。等值线的符号一般是细线加数字注记。运用一组等值线来表示现象的分布、数量特征及变化趋势，称为等值线法。在一幅等值线图上，等值线的数值间隔通常是常数，根据等值线的疏密可以判断制图对象的变化趋势。如在等温线图上，等温线密集表示地区温差大，等温线稀疏表示地区温差小。

在气象业务上，天气图一般分为地面天气图、高空天气图和辅助图三类。若按性质分类，可分为：实况分析图（按实际观测记录绘制的天气图）、预报图（根据天气分析或数值天气预报的结果绘制的未来24小时、48小时、72小时的天气形势预报图或天气预报图）、历史天气图（根据实况分析图印刷出版的一种历史资料）。此外，根据需要有时还绘制不同时段（如旬、月、年）某气象要素平均值分布情况的平均图、对平均值的差值分布情况的距平图等。

三 高空天气图

高空天气系统和地面天气系统是互相联系并互有影响的天气系统。高空天气形势是天气过程的背景，它直接影响着天气系统的运动和发展，并导致大范围的天气变化，地面天气系统的发生和发展，直接影响天气变化。因此，一般都是先研究高空形势预报，再讨论地面形势预报。所以此处先介绍高空天气图，再介绍地面天气图。

高空天气图是填绘高空气象观测资料的天气图。它是将各气象台、站同一时间的高空气象观测资料用数字和符号形式，填在空白地图上，并绘出各种曲线，以了解各地高空气象情况。

现在常用的高空天气图是等压面天气图，是把各地同一时刻探测到的同一气压层上的气象资料填写在空白地图上，经分析绘制而成。这些资料包括等压面位势高度、气温、温度露点差、风向、风速。通常根据观测资料绘制等(位势)高度线和等温线，用以分析气旋、反气旋、锋区、切变线、急流等天气系统的位置、强度和特性。日常分析的高空图有850百帕、700百帕、500百帕、300百帕、200百帕和100百帕等压面图，其高度分别约为1500米、3000米、5500米、9000米、12 000和16 000米。为什么要分析不同高度的高空图？因为从上一章天气系统介绍可知，很多系统只是在一定的高度出现明显，不是从低层到高层都出现的。

高空天气图上填写的气象要素是同一等压面上各点的高度，因而分析绘制的是相隔一定数值的等高线。等高线画好后，就能看出当时高空的气压形势：哪里是低压槽，哪里是高压脊，然后再画出等温线，标出冷暖中心。从冷暖中心与低压槽、高压脊的配置情况，预报人员就可对未来的气压形势作出大致的判断。具体分析如下：

（1）等高线的高、低值区对应空间高、低压区，故等压面图上的等高线可反映高空低压槽、高压脊、切断低压和阻塞高压、高空低涡、副热带高压等天气系统的位置和影响范围。

（2）等温线表示该等压面上冷、暖空气分布，可分析出冷、暖中心和冷槽、暖脊，它们同等高线配合，表征天气系统的动力和热力性质。

（3）从温度露点差可以判断该等压面上相对湿度的情况，可分析出干、湿中心和湿舌、干舌，一般认为温度露点差小于或等于4 ℃的区域为湿区，而温度露点差小于或等于2 ℃的区域为水汽饱和区，它们通常和云、雨区相配合。

（4）利用风向风速可以判断风的切变以及风的辐合、辐散情况。

综合分析等高线、等温线以及风场，可分析判断冷、暖平流及强度。等高线与等温线相交，气流由冷区吹向暖区，这时有冷平流；反之有暖平流。

如前面所说，作为气象爱好者，要学会读懂高空天气图，首先通过等高线图找出高压区（高压中心、高压脊）、低压区（低压中心、低压槽），掌握大气环流大致情况，在此基础上分析是否有槽线和切变线等存在，再与过去几天比较，判断这些系统的移动路径和强弱变化情况等。此外，还可尝试预报未来天气变化趋势。一般气象台以850百帕、700百帕、500百帕等压面图为最常用。各层等压面图与地面天气图配合，可分析天气系统三维空间的结构及大气环流状况，将前后时间和各高度层次的天气图联系思考，可获得天气系统和大气环流演变的认识。高空天气图每天绘制世界时00时和12时的图，亦即北京时08时和20时的图。

图13.1是2013年11月28日世界时00时（北京时08时）的500百帕高空天气图。沿海地区有高空槽正在逐渐出海，高空槽后吹西北—北西北风，表示冷空气南下，即将完全占据东北到华南地区，这些地区将会是好天气。

大家可以上中央气象台官网浏览甚至下载最新的天气图自行尝试天气形势分析。

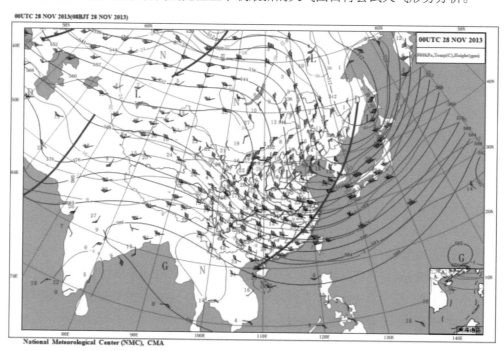

图13.1 高空天气图示例

综合实践

浏览天气网站或微信号，挑选分析天气形势的文章，对照天气图学习专家如何分析天气形势。

互动提升

❶ 暖平流是（　　）。

　A.从冷区流向暖区　　　　　　　B.从暖区流向冷区

　C.从高压流向低压　　　　　　　D.从低压流向高压

❷ 冷平流影响地区（　　）。

　A.地面减压　　　　B.地面加压　　　　C.气压不变

四　地面天气图

　　地面天气图是指一种填绘有同一时刻地面观测所得到的各种气象要素和天气现象的综合天气图（图13.2）。它能够综合反映近地面大气运动和热力分布状况，以及短期内天气的实况和演变趋势。地面天气图是填写气象观测项目最多的一种天气图，是天气分析和预报中很重要的工具。

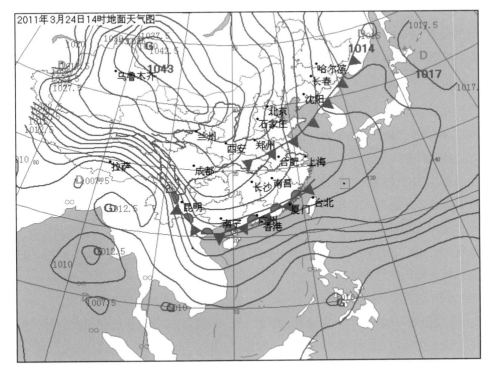

图13.2　地面天气图示例

（一）陆地站填图格式

图13.3 是陆地站填图格式。其中，"○"表示空白底图上相应的测站，称为站圈；N为总云量，用符号表示；N_h为低云量，用数字表示；h为低云高，用数字表示，单位为米。图上除了填有地面的气温（TT）、露点（T_dT_d）、风向（dd）、风速（ff）、水平能见度（VV）和海平面气压（PPP）等观测记录外，还填写有一部分高空气象要素的观测记录，如云（C_H、C_M、C_L）和观测时的天气现象（WW）等。此外，还填有一些反映最近时间内气象要素变化趋势的记录，如3小时变压（$\pm PP_a$），最近6小时内出现过的天气现象（W）等。

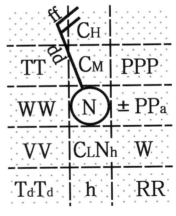

图13.3　陆地站填图格式

地面天气图是以海平面为基准，各地观测的气压必须订正到海平面高度的气压值，以便高度不同的测站相互比较。根据各地观测的气压值，按一定的气压间隔画等压线，即把气压相等的地方用等压线连接起来。通过这些不同数值等压线的分布，可以清楚地把天气形势显示出来，如哪里是高气压区，哪里是低气压区。再根据各测站的其他天气要素，如温度、露点和风等，还可以分析冷、暖锋面的位置和天气现象。

而3小时内的气压变化反映了气压场最近改变状况，使我们能从动态中观察气压系统；它是确定锋的位置、分析和判断气压系统及锋面未来变化的重要根据。因此在地面图上分析3小时变压线具有很重要的意义。

（二）地面天气图绘制规定

尽管现在业务上大部分等值线都是计算机自动绘制出来的，但是了解绘制地面天气图的一些技术规定会有助于加深对地面天气图的认识。

1. 等压线的绘制

等压线每隔2.5百帕画一条。等压线应画到图边，否则应闭合起来。在没有记录的地区可例外，但应当各条等压线末端排列整齐，落在一定的经线或纬线上。

2. 高低压中心标注

在低压中心用红色标注"L"，高压中心用蓝色标注"H"。高、低中心的符号应标注在气压数值最高或最低的地方。

3. 等3小时变压线的绘制

等3小时变压线以0为标准，每隔1百帕绘一条。每条线的两端要注明该线的百帕值和正负号。在正（负）变压中心，用蓝色（红色）标注"+"（"−"）。

（三）地面天气图分析

地面天气图分析项目：海平面气压场，等3小时变压场，天气现象，风，锋面。

1. 海平面气压场的分析（即画等压线）

作为等值线的一种特殊形式，等压线的分析遵循地转风原则，即等值线和风向平行，在北半球，"背风而立，低压在左，高压在右"。但实际大气由于地面摩擦作用，风向与等值线有一定交角，风从高压一侧吹向低压一侧。尽管如此，通过等压线形状还是可以大概了解大气环流方向，进而知道本地区受什么气流控制。

2. 等3小时变压场分析

变压场反映气压场的改变情况，是分析天气系统移动、强度变化和确定锋面位置、分析锋面变化的重要依据。例如，冷锋过后有正变压，暖锋过后有负变压。

3. 天气现象的分析

天气现象往往伴随着天气系统的出现，随天气系统强度的变化而变化，随天气系统的移动而移动。我们可以多了解一些天气现象和天气系统常见配置。例如，高空槽前是地面低压，往往有降水；切变线和急流附近往往产生强降水；静止锋附近的降水、多云天气持续时间一般较长；辐射雾多出现在高压控制的夜晚或清晨；平流雾多出现在副高或者入海高压的西部或西南部等。

4.风的分析

风的移动可以带动天气系统的移动，风引起的温度平流还影响天气系统的强度变化，同时风还可以带来水汽的输送，风速适当可以为降水或雾的形成提供有利条件，而较大风速时可以吹散雾或者云，带来晴朗天气。

在等压线图上，风向确定方法如下：

地转偏向力与风向是垂直的，在北半球指向风向的右侧，而在南半球指向风向的左侧。地转偏向力并不是一个真正的力，而是一种惯性力，就如坐在车上，刹车了，人明明没有受到力的作用，但是却向前运动了，为了使运动分析变得简单一点，人们在非惯性系中讨论物体运动状态的时候往往会引入假想力，地转偏向力就是其中的一个假想力。因此地转偏向力只能使风向偏转，而不能使风起动，也不能使已经起动的风改变速率。风的起动和快慢，都取决于气压梯度力。如果气压梯度力等于零，风无从产生，地转偏向力也不复存在。而有了气压梯度力，必然会相应地产生风，从而也就出现了地转偏向力，而且风愈大，地转偏向力也愈大。

实际上，近地面风向由3个力的作用决定：水平气压梯度力、地转偏向力和摩擦力。气压梯度力垂直于等压线，指向低压一侧，北半球地转偏向力指向风向的右侧，风向总是和摩擦力反向（图13.4）

风在气压梯度力作用下被推向低气压一侧，但当风一旦起步向前，地转偏向力立刻产生，并把风向拉向右边（北半球）。风在气压梯度力的持续推动下加快速度，越刮越大，地转偏向力也跟着加大，使劲地拉着风向右偏转。由于地转偏向力的方向与风向时刻保持垂直，于是在拉转风向的同时，地转偏向力本身也不

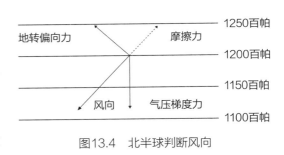

图13.4　北半球判断风向

断向右偏转，也就是越来越转到气压梯度力的反方向去。当风向被拉到转到和气压梯度力的方向成90°时，虽然气压梯度力依旧存在，且和先前一样大小，但在风的方向上有效分力已等于0，因而风不再受力的作用加速，而靠着惯性等速前进。这时候地转偏向力也正好转到了气压梯度力的背后，于是风向也不再偏转。在平衡状态下，风向与等压线保持平行。所以在地面天气图上，看等压线是可以大致知道区域的风向（即流场情况）。对于气旋与反气旋，就可先找出高、低压区，然后按照高、低压（或气旋和反气旋）气流旋转方向，大致判断出各地区气流方向，其实原理是一样的。

5. 锋面的分析

常用的判断锋面位置的方法主要有以下4种：

（1）温度分析：锋面两侧有明显的温差，冷锋后有负变温，而暖锋后有正变温。锋区内温度水平梯度远比其两侧气团中大，在等压面图等温线相对密集，锋区走向则与地面锋线基本平行。所以等压面上等温线的分布可以很明显地指示锋区的特点。等温线越密集，则水平温度梯度越大，锋区越强。

（2）露点分析：暖空气露点温度较高，冷空气露点温度较低。在没有降水发生的条件下，露点温度能较好地表达气团的属性，对确定锋面的位置很有用。一般来说，暖空气来自南方比较潮湿的地区或洋面上，气温高、饱和水汽压大、露点高；冷空气来自北方内陆，气温低、水汽含量小、露点温度也低。所以，锋面附近露点温度差异常比温度差异显著。

（3）气压与变压分析：锋面位于等压线气旋性曲率最大的地方，但有气旋性曲率处不一定有锋面。锋面亦可和等压线平行，但锋面两侧等压线的疏密对比显著。如寒潮冷锋附近经常有密集的等压线。冷锋后常有较强的正3小时变压，暖锋前常有较强的负3小时变压。

（4）结合云图等其他资料分析判断。

作为气象爱好者，要学会读懂天气图，如地面天气图，首先通过等压线图找出高压区（高压中心）、低压区（低压中心），掌握大气环流大致情况，在此基础上分析是否有锋线存在，分析各区域的天气情况，再与过去几天比较，判断高压、低压、锋面的移动路径、高低压是增强还是减弱（即变性）等，即而尝试预报未来天气变化趋势。现在补充一点，天气图上从东北到华东有冷锋，在华南沿海有静止锋，这两个系统存在导致所在区域天气不稳定。但是如果北方冷空气强劲南下（即强冷高压南移），会有可能把两个锋面逼移出海，则所在区域会转为干冷高压控制，天气转好。

 互动提升

❸ 根据地面天气图上分析的等压线，我们能观察出（　　）。

A.降水区域　　　　B.气压梯度　　　　C.槽线位置

❹锋面是（　　）。

　　A.高压与低压交界　　　　　　　B.干湿气团交界

　　C.冷、暖气团交界　　　　　　　D.大气与下垫面交界

五　流线图

　　流线图是表示某一瞬间气流运行状况的图（图13.5）。流线图上绘有流线，用箭头表示气流的流向，流线上处处都与相应点的风向相切。

　　流线分析是风场分析的重要部分。根据测站的实际风矢，结合大气运动流型绘制流线，流线的箭头指明气流运行的方向，流线上每一点都与通过该点的实测风矢相切，流线的疏密程度与风速大小成正比。

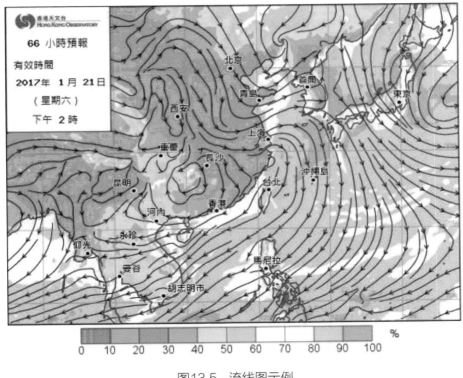

图13.5　流线图示例

六　等温线图

　　在气象学中，等温线是指在同一张图上气温相同各点的连线。预报员根据从各地汇集来的同一时间的温度数据，画出表示该时间温度分布状况的图，即等温线图，用以反映大气在空间上的冷暖对比情况（图13.6）。

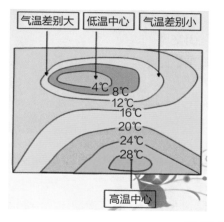 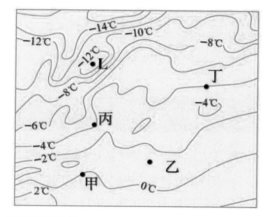

图13.6　等温线图示例

（一）等温线图的基本知识

同一条等温线上各点气温相等。相邻的两条等温线，温差相同。同一幅等温线图上，相邻两条等温线之间的数值差为零或相差一个等温距。气温总是由低纬向高纬递减，这是太阳辐射能在高低纬度之间分布不均造成的。

等温线的弯曲分布规律为：

（1）如果等温线向低纬凸出，该地气温比同纬度地区低。若该地区为陆地，则可知是冬季大陆，地势较高；若该地区是海洋，则可知是夏季海洋，寒流经过。

（2）如果等温线向高纬凸出，该地气温比同纬度地区高。若该地区为陆地，则可知是夏季陆地，地势较低；若该地区为海洋，则可知是冬季海洋，暖流经过。

（3）如果等温线平直，表明下垫面性质单一（如南半球400～600百帕的等温线较平直，说明该地区海洋面积大，性质均一）。

（4）等温线呈闭合曲线的地区，受地形影响，形成暖热或寒冷中心。

1月份，南北半球陆地上的等温线都向南突出，海洋上都向北突出。7月份，南北半球陆地上的等温线都向北突出，海洋上都向南突出。

一般情况，等温线密集，温差较大；等温线稀疏，温差较小。

（1）冬季等温线密集，夏季等温线稀疏。因为冬季各地温差比夏季大。

（2）陆地等温线密集，海洋等温线稀疏。因为海陆热力性质的差异及陆地表面形态复杂多样，形成陆地温差比海洋大。

（3）温带地区等温线密集，热带地区等温线稀疏。这是四季分明的温带地区的温差比全年高温的热带地区大造成的。

（二）等温线图实际应用

1.判断南北半球

利用等温线数值变化判断南、北半球。即向北等温线数值降低为北半球，向南等温线数值降低为南半球。

2. 判断季节和海陆分布

利用同纬度海陆间等温线凸向规律来判断季节或海陆分布。北半球，1月(冬季)大陆上的等温线向南(低纬)凸，海洋上则向北(高纬)凸；7月(夏季) 大陆上的等温线向北(高纬)凸，海洋上则向南(低纬)凸。南半球正好相反（图13.7）。

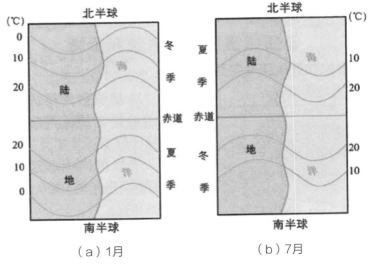

图13.7　等温线判断海陆分布

3. 分析等温线的走向及影响因素

（1）等温线与纬线方向基本一致，呈东西延伸，说明影响该地气温的主要因素是太阳辐射。等温线向低纬凸出，该地气温比同纬度地区低；等温线向高纬凸出，该地气温比同纬度地区高。

（2）等温线大体与海岸线平行，说明影响该地气温的主要因素是海陆分布。

（3）等温线与等高线平行或与山脉走向、高原边缘平行，说明该地气温是受地形起伏影响。

4. 判断洋流的性质及流向

（1）等温线向低值弯曲说明洋流由水温高处流向水温较低处，即由低纬流向高纬为暖流。

（2）等温线向高值弯曲说明洋流由水温低处流向水温较高处，即由高纬流向低纬为寒流。

（3）等温线弯曲的方向即为洋流的流向。

5.推算海拔高度

根据等温线的分布情况，计算某地海拔高度。在对流层，气温随高度增加而递减，其变化系数为0.65℃/100米。

6.判断地形类型

等温线闭合，数值内大外小，为盆地或小洼地；数值内小外大，则为山地。

温度图有多种类型，包含有地表温度图、地面气温图、高空温度图等，既可以是某个时刻的，也可以是旬、月、年以及多年平均的。值得一提的是，地面气温图上的温度指的是气象观测站中离地面约1.5米高的百叶箱里测得的空气温度。从气候意义上来说，我们特别关注0℃旬平均等温线、0℃月平均等温线和多年平均0℃等温线。在我国，谈及最多的是多年平均1月气温图上的0℃等温线。一般来说，在我国，多年平均1月气温图的0℃等温线大致在秦岭—淮河一线，在气候区划上，是区分暖温带和亚热带的重要指标，也是划分我国南方和北方的重要依据。每一天，由于不同气团的狭路相逢或者盘踞徘徊，0℃等温线有时会轻微摆动，有时则大跨步南移或北退，雨雪天气也常常跟随。因此，在寒冷季节0℃等温线的一举一动都牵引着人们的心。

秦岭、淮河一线

秦岭、淮河一线，是我国南方地区与北方地区的分界线；一月份0 ℃等温线通过的地方；800毫米等降水量线通过的地方；温度带中，暖温带与亚热带分界线；干湿地区中，湿润区与半湿润区分界线；温带季风气候与亚热带季风气候分界线；亚热带常绿阔叶林与温带落叶阔叶林的分界线；耕地中水田和旱地的分界线等。

互动提升

❺ 以下表达正确的选项是（　　）。

A. 秦岭—淮河以北地区1月河流不封冻

B. 秦岭—淮河以南地区的耕地以水田为主

C. 秦岭—淮河以北地区主要运输方式是水运

D. 秦岭—淮河以南地区作物熟制是一年一熟

❻ 秦岭—淮河线是哪两个温度带的分界线？（　　）

A.热带、暖温带　　　　　　　　　B.热带、亚热带

C.温带、寒带　　　　　　　　　　D.亚热带、暖温带

七 温度对数压力图

温度对数压力图是一种用来判断测站大气层结稳定度、预报强对流天气的重要工具，是常用的一种辅助天气图。它是根据干空气绝热方程和湿空气绝热方程制作的图表，也称"T-lnp图"或"埃玛图"（图13.8）。

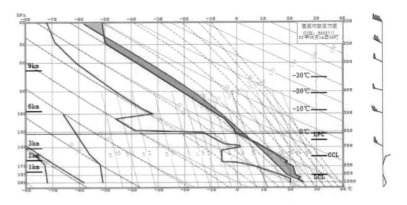

图13.8　温度对数压力图示例

温度对数压力图上点绘的曲线主要有温度层结曲线、露点层结曲线和状态曲线。温度层结

曲线是由探空资料点绘出来的，表示测站上空气温垂直分布的情况，即此刻环境大气的实际温度随高度变化的"客观事实"，也称为环境曲线，它在各层的斜率即代表各层的实际温度递减率；露点层结曲线也是由探空资料得到的，表示测站上空水汽垂直分布情况；状态曲线是指气块上升过程中其温度的变化曲线，由于气块在水汽未饱和时按干绝热递减率降温，在饱和后按湿绝热递减率降温，因此状态曲线是由饱和点以下的干绝热线和饱和点以上的湿绝热线组成。

在温度对数压力图上，可根据气块的状态曲线和大气层结曲线的配置进行判断：

（1）当状态曲线位于层结曲线的右侧，气块温度始终高于环境温度，整层具有正不稳定能量，这时只要在起始高度上有微小的扰动，就能发展对流，这种状态称为绝对不稳定。

（2）当状态曲线位于层结曲线的左侧，整个气层具有负不稳定能量，这时气块受扰动产生的垂直运动受到阻碍，不能形成对流，这种状态称为绝对稳定。

（3）当状态曲线与层结曲线在起始高度以上出现多个交点，气层既有正不稳定能量，又有负不稳定能量，这种状态称为潜在不稳定；根据正、负不稳定能量的大小比例，可分为真潜在不稳定（正面积大于负面积）和假潜在不稳定（负面积大于正面积）。

八 风玫瑰图

风玫瑰图是气象科学专业统计图表，用来统计某个地区一段时期内风向、风速发生频率，又分为"风向玫瑰图"和"风速玫瑰图"。

风向玫瑰图表示风向和风向的频率。风向频率是在一定时间内各种风向出现的次数占所有观察次数的百分比。根据各方向风的出现频率，以相应的比例长度（即极坐标系中的半径）表示，按风向从外向中心吹，描在用 8 个或 16 个方位所表示的极坐标图上，然后将各相邻方向的端点用直线连接起来，绘成一个形式宛如玫瑰的闭合折线，就是风向玫瑰图。图13.9分别是广州全年、冬季、夏季风向玫瑰图。

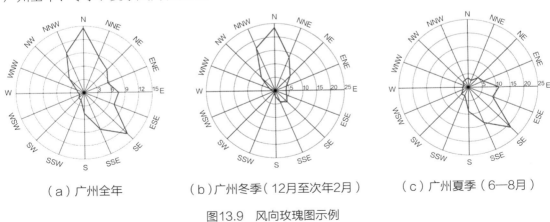

（a）广州全年　　　（b）广州冬季（12月至次年2月）　　　（c）广州夏季（6—8月）

图13.9　风向玫瑰图示例

从图中可以看出，广州冬季盛行风为偏北风，夏季盛行风为东南风。广州居民喜欢购买南北向的房子，特别是南向的房子，是因为从广州全年风向玫瑰图可知，广州地区的主导风向为南北风，南北向房子利于通风。此外，朝南的房子冬天受太阳照射较温暖，夏天不受太阳照射较凉爽，比较节省空调电费。

同样，如果用这种统计方法表示各方向的平均风速，就成为风速玫瑰图，其中平均风速用极坐标中的半径表示。

九 天气业务方法

天气业务所用的方法主要有天气图分析和预报，雷达、卫星等资料与产品的分析和预报，数值天气分析和预报以及灾害性天气临近预报等。

天气图分析和预报是传统天气业务中的主导方法，它需要分析地面天气图上的等压线、等温线、3小时变压线、锋面，并标出高压、低压中心和不同天气区等；还需要分析高空等压面上的等高线、等温线、槽线和切变线，并标出高压、低压中心的位置等，再根据天气动力学理论外推预报未来的天气。数值天气预报问世后，预报员虽然不需要靠主观外推去预报天气形势（但仍需要做误差订正），但天气图分析仍然是不可或缺的。

天气雷达资料分析、卫星资料分析、风廓线分析、GPS/MET资料分析、闪电资料分析等是灾害性天气监测和临近预报的主要工具。天气雷达反射率回波不仅强度与灾害性天气紧密相关，而且回波的形态也是不同强对流天气的识别器；多普勒雷达径向风场包含着丰富的识别灾害性天气的信息，例如逆风区是强降水的信号、中气旋是强风的指标等。可见光、红外和水汽云图配合天气图分析以及物理量的诊断，可以提供许多有用的天气诊断和预报信息。

数值天气分析预报产品包括分析和预报两个部分。数值天气分析就是要得到一个接近真实的初始场，这是各国提高数值天气预报水平的关键。数值天气预报就是用数值模式从初始场开始积分预报未来的天气形势和天气。数值预报中的天气形势预报水平早已超过有经验的预报员的水平，因而数值天气预报成为天气业务的基础。

由于数值模式与初始场相协调需要一定的时间，再加上数值预报对灾害性天气的预报准确率和时空分辨率不高，因此临近预报业务发展起来。目前临近预报主要使用的方法是利用天气雷达、气象卫星、自动气象站、闪电定位等实况资料对灾害性天气进行识别，然后根据过去位置的变化规律进行外推预报。尽管临近预报的平均预报时效只有1小时，但是临近预报的准确率和时空分辨率高，因此在气象防灾减灾中具有特殊的作用。

互动提升答案

| ❶ B | ❷ B | ❸ B | ❹ C | ❺ B | ❻ D | | |

第十四章 看懂天气预报

一 天气预报时间划分

气象上的时间与日常生活中的时间划分方式是不同的。生活中是以北京时00—24时为一天。气象观测上则是以20时到次日20时为一天。天气预报中的时间是这样划分的：白天是指08—20时（北京时，下同）；上午是指08—11时；中午是指11—13时；下午是指13—17时；傍晚是指17—20时；夜间是指20时至次日08时；上半夜是指20—24时；下半夜是指00—05时；早晨是指05—08时。

互动提升

❶ 在天气预报中，气象部门"今天夜间"的时间段是指（　　）。

A.晚5时到次日早5时　　　　　　　　　　B.晚6时到次日早6时

C.晚8时到次日早8时

二 天气预报时效

短时天气预报又叫临近天气预报，预报未来0～12小时内的天气及其变化趋势。短时天气预报运用天气雷达探测、气象卫星云图等现代气象监测手段，能较准确地预报短时期内突发性的雷暴雨、雷雨大风、冰雹、龙卷、强降水等中小尺度强对流天气，这些天气往往具有突发性，而且来势猛、时效短，必须尽快报出并告诉公众。

短期天气预报预测未来3天内的天气及其变化趋势。预报内容包括晴雨状况、雨量、气温、风向、风速等。当一两天内可能有寒潮、大风、暴雨、台风或冰雹等灾害性天气时，气象台还会及时发布相应的灾害性天气报告或警报，以便群众及时采取防灾抗灾措施。

中期天气预报主要预测未来4～10天内的天气特点和天气过程，预报内容包括连晴、连雨、晴雨转折以及旬降水量、旬降水日、旬平均气温、旬极端最高气温和旬极端最低气温，还有5天天气趋势等。

短期气候预测过去称长期天气预报，预测未来1个月至1年内的大致天气趋势，可分为年度天气趋势预报、季度（或专题）天气趋势预报和月天气趋势预报。

❷ 短期天气预报的时效在我国天气预报的时效规定是指（　　）。

A.2天内　　　　　　B.5天以内　　　　　　C.3天以内　　　　　　D.1天以内

三　天气预报术语

（一）局部地区、分散性降水、持续性降水

局部地区：目前没有具体标准，但从字面理解应该不难。而"区域性降水"是有标准的，以暴雨为例，从我国600多个国家基准站来说，如果某地周围连续5个站点出现暴雨，便可称作区域性暴雨。如果大片区域降水量低于50毫米，只是个别站点出现50毫米以上的降水，便是局地暴雨。局地降水主要是突出某一个地区的降雨比较强。由于预报技术的限制，由对流系统造成的局地强降水天气是较难预报的；如果降水范围很小，一部分地区有雨，另一部分地区却没有下雨，无法明确指出一个相对准确而完整的有雨区域，就用局部表达。

分散性降水：就空间分布来说，指不是连续、成片的，更多地用来表达降雨在空间分布上的不均匀性。而局地降雨用于表示区域范围小的降水天气。

持续性降水：指降水持续时间较长，通常是一轮一轮地来，经常会造成次生灾害，对农业的影响也较大。

（二）晴转多云、晴间多云、多云转阴

在气象行业标准中，以云的面积占据天空的百分比作为依据判别"晴天""少云""多云"和"阴天"：云量在0～10%为晴天；10%～30%为少云；30%～70%为多云；大于70%为阴天。

"晴转多云"和"晴间多云"很容易让人感到迷惑。晴转多云指预报时段里先出现晴天，然后逐渐转为多云，侧重于天气转变过程，意味着天气要发生变化；晴间多云指多数时间为晴天，间或有云，少部分时间云量增多。

"多云转阴"预示着天气有变坏的可能性，云量逐渐超过70%。如果水汽条件配合较好，阴天常伴有局地阵雨；若天气系统配合不太好，就只会出现阴天但不会伴有降雨。

四　天气预报制作流程

天气预报包括5个环节：气象观测、数据收集、综合分析、预报会商、预报产品发布。

（一）气象观测

气象要素观测可分为地基观测、空基探测和天基探测三大类。

地基观测主要有：地面气象站、自动气象站（无人）、雷达、海洋站、船泊。

空基探测主要有：飞机、探空火箭、探空气球。

天基探测主要有：静止卫星、极轨卫星。

气象观测数据通过气象专用网络通道传输到中国气象局。

（二）数据收集

主要分为资料同化和数值预报两大过程。

资料同化就是将收集的全球数据（国外共享数据，国内的部分数据也向国外共享）统一为数值模式可以识别和使用的数据。

数值预报就是使用大气运动方程建立的数值模式，按时间顺序计算不同高度全球各处气象要素的值。数值模式涉及大量微分方程，计算量巨大，一般使用超级计算机完成。

（三）综合分析

计算机完成数值预报的结果输出以后，天气预报员通过分析天气图和国内外数值预报产品，研究各类型天气图表，结合气象卫星、雷达探测资料，进行综合分析、判断后，做出未来不同时间段的具体天气预报。

（四）预报会商

由于影响天气的原因很多，很复杂，预报员需要集思广益，进行讨论，像医生给病人会诊一样，在天气会商时，所有预报员充分发表自己的意见，主班预报员对预报意见进行汇总后，经过综合分析，然后对未来天气的发展变化做出最终的预报结论。

（五）预报产品发布

天气预报结论做出后，制作成不同形式的预报产品，通过广播、电视、报纸、网站和微博、微信、客户端等新媒体发布。这就是大家收看收听到的天气预报了。

 互动提升

❸ 天气预报的制作过程是（　　）。

A.气象观测—数据收集—综合分析—预报会商—预报产品发布

B.气象观测—数据收集—预报会商—综合分析—预报产品发布

C.气象观测—数据收集—综合分析—预报产品发布

D.气象观测—数据收集—预报会商—预报产品发布

各位读者，要读懂或者自己做出天气预报，建议大家多看最好连续追踪阅读"中国气象爱好者""广东天气"等微信公众号里面的天气形势分析文章，掌握分析思路，熟悉各种天气系统对天气的影响，在阅读中逐渐掌握以下一些基本技能：

（1）熟悉世界地理、中国地理知识，了解各地地理名称，如华北、秦岭、华南、东亚、南亚、孟加拉湾、西伯利亚、西太平洋、南海等，以及它们的位置。

（2）熟悉基本天气系统对天气的影响，如低压、高压、西风槽、南支槽、副热带高压、冷锋、切变线等，它们的到来会给本地区带来好天气还是坏天气。

（3）学会在地面天气图、高空天气图上找出各种天气系统，学会分析不同高度的高空天气图，注意很多系统只是在一定的高度上明显出现，不是从低层到高层都出现的。学会从天气系统移动或位置变动情况，预测未来各地天气的变化，如冷高压南下预示冷空气南下降温，副热带高压加强西伸会造成控制地区气温增高天气转好。

（4）熟悉高低压、槽前槽后、脊前脊后的环流情况，如东北气流、西北气流、东南气流、西南气流，不同的环流情况会带来不同性质的气团。而冷、暖气流的交汇，有可能造成降水、强对流现象。热带气旋在不同的位置，某地受热带气旋外围环流影响的情况就不同，会吹不同的风，如西行的台风广东沿海地区可能吹偏南或东南风，北上的台风广东地区可能吹东北风。

（5）分析天气形势时，既要分析大形势，又要分析小形势，既要用气候规律（如季风、副高变化、气压带和风带季节性移动等）总览全局，又要细致分析各天气系统如何相互作用影响天气，如地面锋面与高空切变线、槽线的共同作用。

（6）了解季风、低空急流等如何成为我国水汽来源。根据环流变化情况，判断水汽供给充足还是缺乏。

（7）熟悉副热带高压北侧、南侧、西侧的天气有什么不同，以及雨区如何随副热带高压北抬南撤；熟悉副热带高压加强西伸、减弱东退会对整个天气形势有什么重大影响。

（8）注意青藏高原的地形作用。

另外，建议大家多学习反映天气变化与气候规律的气象谚语，因为它们是人们在长期的生产实践过程中反复的经验总结，具有一定的科学性。不仅要了解这些谚语所反映的天气变化与气候规律，还要了解成因，真正做到知其然更知其所以然，复习和拓展本书的知识点。如：为什么说"一场春雨一场暖"？这是因为春季是由冬季向夏季过渡的季节，冷、暖空气活动频繁。由于北半球太阳照射时长逐渐增长，冷空气逐渐减弱，暖空气却日益增强，隔几天就向北输送一次，当它与北方冷空气在长江下游一带交汇时，就形成降水。一次次暖空气北抬，一步步占领了原来被冷空气盘踞的地盘。所以，每次春雨过后，温度就升高一次，人们就有了"一场春雨一场暖"的感觉。以上分析涉及了太阳辐射、锋面雨等知识点。当然，要注意这些谚语具有季节性、地区性，不是普遍适用的。

互动提升答案

❶ C	❷ C	❸ A					

第十五章

获取气象信息

一 获取气象信息方式

天气与我们的生活息息相关，随着新媒体的发展壮大，人们获得气象信息的途径越来越多，如何快速有效地获得正确的气象信息呢？下面以广州市气象局为例，介绍各个获取气象信息的途径。

（一）"广州市气象局""广州天气"网站

提供政府信息公开、行政服务指南、网上业务咨询、各类天气预报预警信息、各类气象监测信息、专项预报服务信息、科普资讯、气象视频、政策法规等服务。

（二）"广州天气"微博

除提供今日天气、上下班天气、突发天气提示等常规信息外，还提供气象灾害预警、地质灾害预警、天气实况、应急等信息。重点跟踪灾害性天气过程，根据天气变化随时在微博发布相关提示信息。

（三）"广州天气"微信订阅号

提供逐日天气预报和天气趋势科普资讯等服务，发布灾害性天气过程预测和节假日天气信息。

（四）"广州天气"微信公众号

提供天气实况、短时临近预报、未来7天预报、气象预警信息、科普资讯和农业气象服务、旅游天气、出行天气等本地化特色气象服务产品，以及突发天气提示、地质灾害气象风险预警和停课信息等可订制的气象服务产品。

（五）"停课铃"手机客户端程序

"停课铃"是广东气象公共服务中心推出的免费、无广告的手机客户端程序。该软件可第一时间界提供所在地的停课信号以及天气预警信息，为孩子上学出行做好充足准备。软件还可提供一周天气预报、3小时天气预报、空气质量指数、PM$_{2.5}$浓度、天气黄历等个性化服务。

获取途径：用户可通过以下方式下载安装：

（1）软件商店搜索"停课铃"下载。

（2）通过广东气象网下载。

（六）天气短信

每天定时发送最新天气预报及生活提醒信息，遇重大灾害性天气或天气事件，将以特别提醒的方式告知最新的天气变化情况。

公众可分别订制早晚天气预报信息。晚间短信编写手机短信"11HD"到"10620121"，早间短信编写手机短信"11A MHD"到"10620121"。

资费标准：信息服务费2元/月。

（七）显示屏

提供各类气象监测、预警、预报信息。

（八）甚高频防灾气象警报系统

服务内容：提供各类气象监测、预警、预报信息。

获取方式：在学校（电子屏）、街镇（电子屏）、社区（收音机）、村委（大喇叭）等重点场所设置和适时播出。

（九）"12121"应急气象电话

提供突发事件预警信息、天气预警信息、台风消息、天气实况、最新天气解读、未来3～5天天气预报、气象热点（专家谈天气）、外地天气预报、海洋天气、应急气象科普知识、报平安留言等服务。

获取方式：拨打电话12121或020-12121(外地)。

资费标准：免收气象信息费。

此外，公众还可通过电视、广播电台、报刊获取气象信息。

二 气象信息渠道推荐

1.中国气象局政府门户网站

2.中国天气网

3.中央气象台官方网站

4."中国气象局"微信公众号

5."中国天气网"微信公众号

6."中央气象台"微信公众号

7."中国气象"微信公众号

8."广东天气"微信公众号

9."中国气象爱好者"微信公众号

10."气象知识"微信公众号